味噌大学

◉ *Misumi Kan*

三角寛

新装版

現代書館

新米味噌。味噌漬は「お種人蔘」俗に朝鮮人蔘といふ。

径山寺の味噌漬。杓文字を深く突きさして掻き出せば、下からいくらでも出て来る。遠足や登山などの弁当に喜ばれる美味な味噌漬。

卵を洗って卵切で輪切りにしてお客さまに一切《ひときれ》さし上げたところ。チーズより硬くて味がよい。

径山寺味噌に漬たお種人蔘。その色気と形態に注意。俗に高麗人蔘と呼ばれてゐる朝鮮人蔘。日本では昔からお種人蔘と呼ばれ幕府に保護された薬用野菜。

序文

三角　寛

明魂命《あきたまのみこと》大言教招命《おほことをしおぎのみこと》、語學《ことどひ》を人民《ひとくさ》にをしへ、文《ふみ》字《かき》をしふ。と上文《うへつふみ》にある。その明魂命《あきたまのみこと》が残したまへる上文世《うえつふみよ》にのこれり。とあるところから、ここに掲出の書も、その一類かとも思ふ。

神代からの味噌と漬物

私は若い時から、朝の三時ごろから眼がさめる。何でこんなに早くから眼が覚めるのであらうかと、よく考へてみたことがある。

いろいろ考へて見たところ、やはり空腹のために、自然に眼が覚めるのであることがわかった。それも早く味噌汁で朝食を摂《と》りたいために、眼が覚めるのである。今どきの月給貰ひ共は、女房を朝寝させておいて、寝巻で見送りさせ、自分は会社で牛乳とパンをかぢって喜んでゐるさうだ。私には死んでもかかあを寝せておいて、パンを会社でかぢるやうな不見目《みじめ》なことは出来ない。

それだけに、朝は女中か女房が起きてくれなければ、自分で飯焚きをしなければならない。あまりにも早いので、そんなに早く起すことも出来ないからである。辛抱して空腹をおさへて待つ。これは、私の性格としてたいへんな苦痛であった。それで、自分から台所に立って、飯焚きや味噌汁づくりを実施する。私は十一歳の時に発心出家して小僧から叩き上げて来た坊主であるから、飯焚きや味噌汁づくりは、お茶の子さいさいである。今どきの女どもは、米の研ぎ方や水加減など知りはしない。それについては女たちよりも私の方がはるかに上手である。軍隊生活の時も、大鍋飯は勿論、飯盒炊爨《はんがふすゐさん》の時も、この上等兵殿が全軍の水加減を指揮したのである。

さういふ訳で飯焚き炊事は、女どもより手早く要領を心得てゐるので、あまり腹がへると、さっさと自分で実行してしまふ。漬物など手数の中ではない。

これでは、女房や女中たちは何のための存在か意味が薄れる。それで、その実存価値を認めてやるためにも、なるたけ空腹をぐうぐう鳴らして、起き出すのを待ってやらねばならない。人生は最期の最期まで辛抱である。そんなに腹を空かして、朝の味噌汁にありついたときほど有り難いことはない。拙宅には約五十九種類の我家《わがや》の味噌が常備されてあるので、いかに食通王公の家でも、私の家ほど味噌を所有してゐる家は、日本のどこにもない。その味噌を、随意自在に食って生きられる私は、なんと空腹な王公であらう。

この序文でも告白してゐるが、私が味噌づくりを始めたのは、二十六歳の時に分家して、朝日新聞の記者になった時からである。しかも入社当初から朝日新聞の所謂《いはゆる》、事件記者となったのだ。事件記者と云へば、警察が中心の記者生活であったから、もっとも多忙な社会面の中心記者を仰せつかったのだ。馴れないかけ出しには骨が折れた。今どきのサラリーマン記者のやうな遊び半分の月給生活とは、いささか違ってゐた。

それに私は、入社早々、その受持地区に、当時相当に騒がれたルパンもどきの怪盗「説教強盗」の発生を一身に引受けて担当する宿命に逢着したのである。

「味噌大學」の冠頭言には少々異色とは思ふが、私と味噌には切っても切れない因縁があるので、これも深い因縁だと思って、この宿命論を読んでいただきたい。

そもそも、味噌といふ日本独特の主食品は、何時の時代に、日本に創始されたものであるかをも、知らねばならぬ。

こと程左様に、私どもは味噌がなかったら日常を過してゆけない。この本のどこかに朝倉文夫先生が話しのこされた言葉がある。中に、「味噌と母乳《おっぱい》」の説話がある。母の乳と味噌は日本人の最初の食物だと云はれてある。この味噌づくりを私は四、五歳の頃から、母からをしへられた。それだけに、味噌は一軒の家の大黒柱ぐらゐに私どもは思って来た。その味噌があれば、人間の住む家は一軒の家として、生活してゆくのにこまらないのだとも思はされて来た。

母は味噌豆の大豆を煮る時が来ると、大竈《おほがま》の下を掃き、塩で清めて火を入れる。そのとき私ども眷属《けんぞく》を竈《かまど》の周囲に呼び集め、味噌の神様に御礼を申さにゃ。と云って竈に合掌させられた。この味噌神さんは天照大神の時に味噌を発明された熊野奇日命《くまぬくすびのみこと》と申し上げる天神で、穴門《あなど》の国で、始めて人民《おほみたから》の為に味噌を発明された味噌神さんだと伝承させられてゐた。この伝承から云っても、味噌は外国からの渡来物でなく、純国産の大和《やまと》製である。竈の火入には、お線香の代りに榊《さかき》の玉串《たまぐし》でもささげた方がよくはないかと姉たちが云ったところ、父は神官であったから「さうだな」と云ったが、母は、「この家は先祖代々の仏教ぢゃから、お線香も同じお敬ひぢゃ」と云って玉串はささげなかった。まだ少年だった兄が、柏手《かしはで》を鳴らして拝んでもいいな？　と聞いたら、「いいとも、お敬ひでさへあれば合掌も柏手も同じことぢゃ。熊野奇日《くまぬくすび》様《さま》のお蔭で、今年も味噌をいただけますとお敬ひの御礼を申し上げるんぢゃ」さう云はれて私どもは神棚の木箱を拝む。

木箱の中に形式的な位牌があって、黒くくすぼってゐたが、その表に冠頭掲示の十字神名を書かれてあった。これは大友能直家に伝はる上記《うへつふみ》の中にある神代記、熊野奇日命《くまぬくすびのみこと》の神名であると云ひ聞かされてゐる。かかる次第で、今尚、味噌を煮る行事も、その創始発明の神を尊崇して、先祖代々の祖業を謙虚に伝承して、血と肉を子孫に譲渡してゐる。これから考へても、千五百秋《ちいほあき》、瑞穂国《みつほのくに》は、味噌で栄光を輝した国だと信念させられるのである。

この宿命説《しゅくめいせつ》については、この説教強盗の出現によって、私は一段深く考へさせられ、宿命通《しゅくみゃうつう》についての神通力《じんづうりき》の学説まで勉強させられた。

宿命通とは、神通力のことであるから、一般人の皆さんには、興味の少いことと思ふので省くことにするが、宿命《しゅくめい》については、どなたも多少御理解いただけることと思ふ。

去る六月十日（四十四年）の午前九時から始まったフジテレビの小川宏ショーに顔を出させられて、ほんの寸時であったが、昔の説教強盗について、名づけ親として語って来た。私にとってはなつかしい強盗であり、思ひ出も多くて、充分話したかったが、時間も短くて多くを語れなかった。出演者の奥さん方は興味ぶかく聞かれてゐた。

その説教強盗が、押し入った家の婦人からは、いみじくも愛護されて、強姦罪は一件の告訴もなかった。といふ真実について、テレビを取巻いてゐた婦人方の顔色は、むしろ合点の表情であった。私は大変意外に思ったので、司会者の小川君に、婦人方の心の中を聞いてもらったら、彼女たちは、

「自分も、その場合には、警察に届けたりはしないで、握りつぶして告訴などしません」

と答へられた。言語道断である。ここである。前に云った宿命説と申しておいたことは。

強盗強姦被害、女に生れた故に人妻となり当然抱くべき被害の怨恨を捨てて強盗に同情を寄せる女の宿命。

この強盗は大正十五年十月四日、当時府下と云った上板橋村十九の白米商、小沼松吉方の窃盗事件を皮切りに、後には強盗、強姦の常習者として市の内外を五ヵ年間も恐怖のどん底に追ひ詰めた怪盗であった。

帝国議会では、帝都の治安に関する決議案が採たくされ、時の警視総監の進退伺ひにまで進展した。

この説教強盗は、一旦狙ひをつけた家には、如何に手きびしく警戒されてあっても、すき間風のやうにすうっと平気ではいってくる。

そして夫婦の寝床に、電燈や電話線を切って侵入して、夫婦に海軍ナイフを突きつけ「ちょっと辛抱して下さい」と云ってから、夫婦を後手に縛りあげ、夫には蒲団を冠せ、夫人だけは奥の別室に連れ去る。夫人が別室に姿を消してからの、犯人と被害者の間で如何なる行為や動作が進行されたかは誰も知らない。自分の部屋で後手に縛られてゐる夫君も、自分の妻が何事を進行させて、自由の身になってもどって来たかは永久に秘密である。

そして夫人は、強盗を裏口から見送る。いそぎながらも、着衣をととのへた強盗は、兇器の海軍ナイフも途中で誰何《すゐか》されても大丈夫なやうに、懐中電燈と共に、身仕度よろしく仕舞ひ込む。「ぢゃ、さやうなら」一晩中で親密になった彼女とのお別れである。彼も逞しい左官の腕をさしのべて握手を求める。彼女も、よろめきには最高のスリル氏だ。別室には夫君が縛られてゐる。犯人は最高の好意を込めて別れを惜しむ。夫人は手を握り返しながら、「気をつけて帰ってね、こっちの道より左の方の道を行ってちゃうだいね」といふ。犯人はうなづき乍ら、握手をぐいと引きつけ、キスを求める。夫人も応へて、以心伝心。最後の抱擁のため彼女を抱きしめて、もう一度、さよなら。

翌日の夕刊は、また説教強盗現るの記事で大騒ぎである。刑事は現場に飛ぶ。聞き込みは詳細を極めるが、犯

人の足どりはもとより、その夜の被害の詳細は、はぶかれたまま語られない。刑事は頭を抱へて、「ねえ奥さん、犯人はそんな長い時間、奥さんをここに閉ぢ込めておいて、何をしたんですか？　どうもそこのところが納得できませんなあ？」と何度か聞きつづける謎の犯行であった。

それらの犯行を追ひ乍ら、私は家にゐる時は味噌を作り、漬物を漬てゐたのである。いまその当時の妻木松吉伝を綴るとすれば、被害者の心情も考へながら一万枚は書きつづけるであらう。

茄子の丸漬は甘《うま》い

私が、味噌の序文に何故に説教強盗など、およそ味噌とは全く関係もつながりもないものを書いたのかを、読者の皆さんも不思議に思はれたでありませう。それで、その因縁宿因について、最初に書いた通り、私に関する限り、このことは書かないわけにはゆかなかった。

私が朝日新聞に入社したばかりに、世にも珍奇なこの説教強盗を担任させられ、まる四年間、彼のため日夜、夜も寝ずに都の内外を駈けずり廻った。奇しき因縁といふか、まったく予期しなかった宿命であった。

つけものを漬たり、味噌を作ったりしなければならない宿命に出会ったことも、これも人生の業《ごふ》である。つまり身口《しんく》意《い》の三業のこと。もし私の、祖業が漬物や味噌の家でなかったなれば、また父と母とが、その祖業を伝承してゐた両親でなかったなれば、私は高天原《たかまがはら》民族の創始された醸造《むし》の業も、漬物《しほおし》の業も無知であったと思ふ。

私は九州の豊後の三宅といふ所で生れた。この三宅といふ地名は古い風土記などにも知られてゐる往古、平安時代に穀倉のあった所で、昔から、「ここらは昔の米倉だよ」とよく聞かされた。さういふ土地だけに、醸造《むし》の神さまあとなどあって、酒や味噌《むし》の生産地であった。ある家など、この家は、熊野奇日命《くまぬくすびのみこと》の家址で味噌《むし》の家だ、などとをしへられた。また真菰《まこも》の庄屋の屋敷跡は、生津彦根《いくつひこね》様のあとで、ここでは「マサカ」を作ってゐたのだ。生津彦根命《いくつひこねのみこと》は始めて天上で酒を造られた造酒神である。マサカとは酒のことで、玄米で造るのがマサカ、麦で造るのをミサカといふのだ、とをしへられたのも、三宅《みやけ》の政府の米倉の屋敷あとでの伝承であった。

かくして、古の昔からを考へてみても、私は純粋の高天原《たかまがはら》民族の末孫であらうと信じてゐる。

新聞記者と云っても、私などのやうな事件係の記者は、勤務する場所が警視庁や警察や裁判所であるから、いつどこへ飛び出さねばならぬか判らない。だから食事も、いつどこそこで喰べることになるか判らない。

それでいつでも、どこででも食事の出来るのは、自分の持ってゐる弁当以外はあてにならないので、私は弁当箱に麦飯を詰めさせて副食物の漬物は自分で勝手に詰めてゐた。

種々さまざまであるから、ふたを開くと同輩どもが涎《よだれ》をたらしてのぞき込む。

「おい、その茄子の丸漬はうまさうだな」

「さう云はれると進呈しない訳にゆかないね」

一つづつ進呈する。

「おれもほしいけど悪いなあ」と云った奴には進呈を中止する。

「おい君達こそ、弁当ぐらゐ持って歩けよ」

と云ってやったこともある。

「女房に弁当ぐらゐ作らせろ」私は歯に衣をきせないで物を云ってやる。「食堂のパンかラーメン一つで働けるかい。たまにはかあちゃんに弁当ぐらゐ作らせてやれよ」

と云ふと、

「うちのは駄目だ。君のうちの奥さんは漬物の大家らしいな。毎日色んなものを君の弁当に入れてあるなあ」

「さうか、僕の女房は漬物の大家らしいかのお?」

「いやあたいしたもんだよ、これくらゐの奥さんはゐないよ」といふ。

「折角、お世辞を云って貰って恐縮だが、僕は女房の漬た漬物なんぞ知らないよ。今日のも昨日のも一昨日のも、この旦那様の製作だよ」

「ええ、それはまた知らなかった。今までのは、みんな御主人の製作かね?」

「おい君達は、えらさうな口は叩くが、その実、なんにも知らないのだね。今どき、東京に漬物など出来る女がゐるかい?」と聞いてやる。

「いやあ御主人自製とは知らなかった。失敬失敬」

かうあやまられては云ふことはない。しかしだ。自分達は帝都の新聞記者であるから、何でも心得てゐるとする生意気が気に入らない。なんにも知らないくせに、何でも知ってると自惚れてゐやがる。女でさへあれば事足りてゐる満足ボーイどもに、ドブ漬かヌカ漬か糞漬かも判った沙汰ではない。糞くさい漬物を洗って、これでもヌカ漬と満足してゐる記者先生の御卓見には、ただ恐れ入るだけである。

「漬物は女には無理かね？」

世の男性といふものは、さういふ馬鹿な質問を平気で乱発する。彼等は、漬物は女性の製作する物也とする常識を持ってゐる。こんな常識は犬も食はない愚識だが、エリートなどと自惚れてゐるゲバ野郎どもほど、その程度の常識だ。爪の先に赤ペンキみたいなものをぬってゐる女性動物どもに、何で漬物など漬られるものか。

少し高級だが、今どきの女どもには、ハリハリ一つも満足には作れない。私がいつであったか忘れたが、前夜、母から習った酢脹《すぶくらか》しといふハリハリを作ったので、朝がた出掛けに、杓子菜の味噌漬のわきに一箸付け足して弁当に持って来た。

この杓子菜の味噌漬は余ほど珍しかったのか、何だ彼だと質問されるので、多少の蒙を啓してやった。この杓子菜の植物名も知らないから、「この大根葉は何といふ葉っぱですか」と聞く始末だ。こんなのに何ををしへても意味ないが、ハリハリだけは食後の口中を消毒出来るし、お茶をのみながらいただくと、心気爽快になる功徳を説いてきかせた。

ところが酢脹《すぶくらか》しといふ作り方の名称をなかなか発音できなくて、スベラカシだの、スブタづくりだの云って、正確な「酢脹《すぶくらか》し」を遂に発音出来なかった。

この酢脹しといふのは、材料の干し大根をフキンで拭いて、洗はずにうすく輪切にして、そのまま八分酢に漬て脹す。八分酢といふのは酢全体を十として二分水で割った物のことである。この八分酢で脹したハリハリを、酢脹しといふのである。ハリハリには砂糖禁物。干し大根持前のあま味を酢で生かすところが、ハリハリの特徴である。

その後に戦争時代になって、世人は食糧にこまってうろたへたが、さういふ時代が来ても、わが家から弁当を抱へて来る連中はその後もゐなかった。

私は前から話してゐるやうに、物のあり余ってゐる昭和二年ごろから弁当持参であったので、友だちにはケチな野郎だと軽侮《さげすま》れながら、麦飯の漬物生活であった。この事実は誰が宣伝するでもなく友だちの間で有名になって、弁当となると、私の周囲には三、四名の友人たちがたかった。その機会に、いつでも弁当持参で来いと、漬物の宣伝をしながら彼らを啓蒙してやった。

そのハリハリを持参した時のことだが、「これ何?」といふ馬鹿がゐたから、「バカ」と一喝してやった。「食ってみろ、ハリハリも知らないバカが、東京の新聞記者の中にゐるのかと思ふと、泣きたくなる。ごはんをいただいてから、これを二つ三つ食べてお茶を飲むと、口中のもやもやが吹き切れて、口中が爽快になり、心気一転することは前にも云った通りだ」と、をしへてやった。

信念の旧假名旧漢字

この「味噌大學」と姉妹篇の「つけもの大學」は、全巻通じて旧漢字、旧假名である。終戦後の教育を受けた人々にはお気の毒であるが、今の世に流行してゐる新漢字や新假名づかひなどは、一から十までがウソ八百である。こんなことはもうあらためないと、日本の文化は、君たちの手で、いつの間にか滅亡させてしまふのだ。どうしてこんな悲しいことを平気でやるのだ。

私は誰が何と云はうとも、日本固有の学問を、さうかんたんに捨てることは出来ない。私は生ある限りは、今の誤れる新漢字、新假名には反逆して、古来からの、味噌や漬物が、天祖以来の物であるやうに、旧漢字も旧假名づかひも先祖からの文物として守りつづけねばならぬと信念してゐる。読者の皆さま方も、大に信じて、私の信念に味方していただきたいと念じてゐる。

昭和四十四年六月

目次

味噌大學

手前味噌

講外　漬物談義

漬物補講編

さしえ・武谷栄直

味噌大學

味噌大学

第一講

藝《うゑつけ》の術《てだて》

味噌大学とは、味噌の味や、その物の道理や方法を学ぶ大人の学問のことである。ひとくちに、ミソといっても、そのミソが、どんなミソであるか判るまい。中でも、都会そだちの人間には、ミソといへば、食料品店の店頭に並んでゐる売ミソを思ひだすぐらゐであらう。その販売ミソこそ、殆んどが速醸物で、はなはだしい物になると、七時間程度の速さで作られて、店頭に並べられ、売られてゐる物さへある。

いま、東京をはじめとして、各都会で販売されてゐるミソは、所謂メーカー物で、一年以内の作品が多い。各メーカーで、二年物を所有してゐる業者は極めて少ない。

したがって、買ミソで生活してゐる一般社会大衆は、真の醸造物であるミソの味は、その舌に覚知させることはできないままで死ぬのである。

さういふ時代であるだけに、味噌大学が講究されることは

母念みそ

まことに結構で、この学問を深めることによって、人生の食生活を豊富なものにすることができるのであるから、はなはだ意義が深いのである。

　東大の人類学教室を帝大時代に創始した長谷部言人博士は、人類学と呼ぶ学名は、ルヰがいけない、人間のことだから人学の方が正しいと云った。いま、さかんに発掘をやって、昔の人間の骨など掘出して、その寸法などをはかったりしてゐるが、あれも学問ではある。

　しかし、この骨は何を食って生きてゐたのかといふことを、勉強する者は一人もゐない。人間の生命を生きながらへさせるのは食物だ。その食物で、その骨の形成を保持されてきたのだから、食生活は、人類学の分野においても、大切な研究題目だ。といはれてゐるが、その勉強に手をつけた学者は、まだ出てゐないのである。

　かういふ機会《をり》も機会《をり》であるだけに、今ここで、味噌大学を講究してみることは学術の意義も、また藝術の意義もはなはだ深いのである。

　ここで「藝術」といふ語《ことば》をことさらに述べたことは、この大学が「藝《うゑつけ》の術《すぢみち》」に終始する学問であるから、藝術の意義が深いと、いみじくもいふたのである。

　そもそも、人生は、すべてが、生きることの表現であるから、すべての生活が藝術でないものはないのである。その中でも、食生活は自然の藝術として、すべての人間が自然に行なはねば生きることができないのである。

　音楽や絵や踊りなどだけが藝術だと思ってゐる人があるとすれば、「物に格《いた》らぬ盲人」といふべきで、物の道理を知らずに死んでしまふ不幸な人々である。

　ミソ歌を、母からをしへられた少年のころを、私は想ひだす。なつかしくて、自然に涙がこみあがってくるのも、物の道理を、しみじみと想ひ出させてもらへるから、ありがた涙が湧くのである。

　うゑつけの　まこと　たごめば　そのすべは　おのづと
　あぢに　いきるものかや

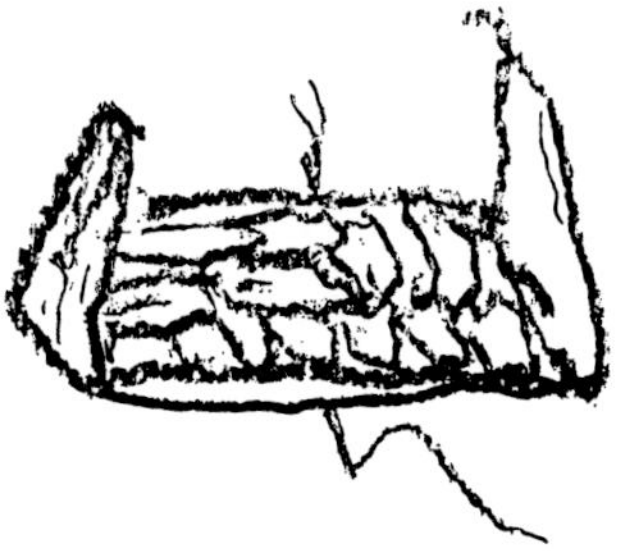

　九州の高千穂の峯の北側にあたる豊後の山村に生れた私は、ミソ豆を煮ながら、また碾《ひき》臼《うす》をゴロゴロ碾《ひ》きながら、母から「稗つきぶし」など、よく聞かせてもらったが、ミソ搗きのときには、ミソ歌をことさらにきかされて、その意味もをしへられた。

「ミソを作ることもウヱツケぢゃし、澤庵を漬《つけ》るのも、みん

大豆に麹を突き入れてゐるところ

な麦播きと同じウエツケぢゃ。ミソや漬物は、種は播かんが作ることは、種播きをして、出た芽を育てるのと同じことぢゃ。めぐりの雑草《くさ》抜《ぬ》きをしてやったり、肥料《こやし》もやらんと、折角に出た芽が育ちはせん。芽が育たんと作物は稔《みの》らずに、収納になりやせん。それで、ウエツケという字は、草《くさ》を執《と》るといふと書かれちょることを、祖父《ちい》さまが、支那も日本も物の道理は一つぢゃと、よくいわしゃった。うゑつけといふことは、人間に誠がなけらにゃ、できることではないから、うゑつけには『すべ』が大切ぢゃ、それで、その『すべ』は、自《おのづ》と味に出来栄《できばえ》が出てくるものぢゃと歌われちょる」

十歳にもなってゐないころから、歳末ごろになると、ミソ搗きがはじまってこのミソ歌をきかされながら、これが藝術論であるとは、母も気づいてはゐなかったし、私など小学生に何も気づく筈はなかったのである。

しかし、ミソ歌であり、漬物歌でもあるといふ「藝《うゑつけ》の術《すべ》」を歌はれてゐる和歌に、漢字をあてはめた三十一文字を見て、はじめて、これこそ正しい藝術論であることを私が知ったのである。朝日新聞にはひったころのことである。

藝《うゑつけ》の誠手込《まことたご》めば、その術《すべ》は、
自《おのづ》と味《あぢ》に生きるものかや

いつの時代に、私の家の何代目

ごろに、私の家の家伝歌になったのか詳《つまびらか》でないが、高千穂の峰北に、いつとはなしに稗つき歌のように、のこってゐた歌である。

これが私ども日本人の血となり肉となって今日まで、この私など日本民族を存続してきた、その物の歌である。なるほど、その「術《すべ》」とは、ミソの法であり、術《おきて》であり、術《すぢみち》であり、術《みち》であり、術《てだて》であり、術《ちゑ》(巧智)であり、術《はたらき》であり、術《わざ》であり、学問、技藝である。

また術《じゅつ》とは、術《てだて》であり方法である。それら一切が味に生きてこそ、はじめて、藝《うゑつけ》が稔《みの》った良い味のミソといへるのである。であるから、味のまことが、舌や心に満足を与へる作品でなければ藝術された味噌とはいへないのである。

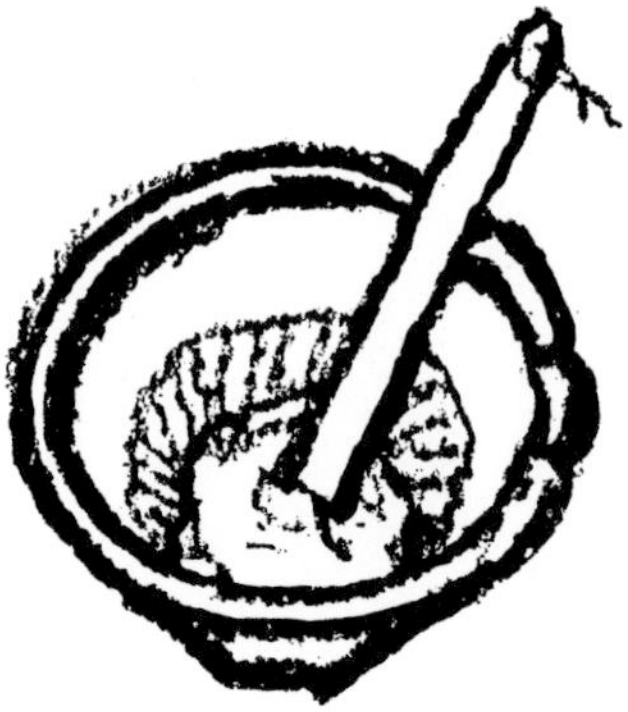

味噌づくりの勅命

さて、そのやうな味噌は、いったい、いつの時代に、誰によって創始されたのであらうか？

この問題は、考古学であり、人類学であり、歴史学でもあるが、この食品学に明答できる学徒はゐないのである。古い事を集めてある「古事類苑」の飲食の部には、いろいろ文献

みそかうぢ

が出てゐる。参考になるが、それらは近世の事柄が多くて、古い歴史的なことは少ない。したがって、ミソの創始者などについてはどこにも説明が出てゐない。

しかしミソの語源については、かなり議論めいたことなど出てゐる。それらの説は、漢字渡来語文献であるから、真のヤマト言葉などによる研究文は見当らない。

なんでも、支那や朝鮮から、日本の古い物は渡来したかのやうに、思ひたがるのが日本人である。その故か、ミソは初メ未醤ノ字ヲ用キタ――ともあり、味噌ト云フハ正字歟《か》、アテ字歟《か》、正字ハ未醤ナリ、ソレヲ書キアヤマリテ未醤ト書ナスなどと、面白くない（塵袋）の記事ものってゐる。

このやうに昔は、ミソのことをさまざまな文字で表現したときがあるが、醤の字一字でミソとした時代もある。ヒシホといふミソ類似の物が醤《ひしほ》であるから、これをミソと読むには無理があるが、それでも、この一字でミソだった時代もある。

ミソ歌には、それに似かよった漢語から来た言葉は一つもなくて、すべてが大和言葉である。藝《うゑつけ》と読む字は漢字であるけれども、その「うゑつけ」の言葉は純粋のヤマトコトバだ。

また、術《すべ》と読み、すぢみち、みち、はたらき、ちゑ、などと読む術の字は、いふまでもなく、これも漢字ではあるが、その意味を現す「読み」は、すべてヤマトコトバだ。「その術《すべ》」と発音するコトバは万葉集の長歌にもあるとほり、為《し》方《かた》、為《す》べき手段《てだて》のことで、漢語からきた言葉ではなくて、神国日本の在来語である。

これから考へても、ミソは支那や朝鮮から来たものでなくて、その製法、すなはち術《すべ》は、日本に創始され日本にのみ行なはれ伝承されてゐる純国産藝術である。

垂乳根の母の乳房に次ぐ味噌の
朝の味噌汁吾《あが》いのちなり

で、私の血肉は母の乳と味噌汁で生きつづけてゐるのであるから、この味噌を発明した私どもの先祖の術《ちゑ》は、その意味の示すとほり巧智そのものである。

日本以前にない日本の味噌、これこそ吾々日本人の一族《やから》一党《うから》を、子々孫々に生かしつづける生命の大恩ある親ともいふべき食糧である。それほど大切な味噌は、いったい何時のころに誰によって、この美味でゆたかな、なつかしい味を、創《はじ》めたのであらうか。

貞応二年癸未《みづのとひつじ》三月に、従四位侍従豊後国守護職、大友左

近将監、藤原朝臣能直公によって編輯された「ウエツフミ」と題する神代文字で書かれた上代歴史四十一巻の第三巻に、

クマヌクスビノミコト　イモ　クマヌクスビメノミコトハ　アナトノクニニ　アモリマシテ　ムシツクリナシテ　アモリナセ

と味噌づくりを勅命された段が詳しく記録されてある。

その段のはじめに、

ココニアマテラスオホミカミ　メサシタマヰテ　イクツヒコネノミコト　イモイクツヒメノミコトニ　ノリタマヰツラク　イマシフタハシラノカミハ　アメノサカ　ツクリナシテ　アモリナセ

マタ　クマヌクスビノミコト　イモ　クマヌクスビメノミコトニ　ノリタマヰツラク　イマシフタハシラノカミハ　ムシツクリナシテ　アモリナセ

との勅命が記録されてある。これが酒造と味噌醸《むしかもし》の元祖神が、高天原《たかまのはら》で任命された起源である。酒の方が、生津彦根命《いくつひこねのみこと》とその妻神生津媛命《いくつひめのみこと》の二柱《ふたはしら》であり、味噌《むし》の方が、熊野奇日命《くまぬくすびのみこと》と、その妻神、熊野奇日女命《くまぬくすびめのみこと》の二柱である。

この勅命は、高天原《たかまのはら》で発令されたのであるから、

「天《あめ》の酒《さか》、つくり成《な》して天降《あも》りなせ」

「味噌《むし》つくり成《な》して、天降《あも》りなせ」

と、人民《あをひとくさ》の下界に天降《あも》ることを、勅命されてある。「汝等《いまし》夫婦《ふたはしら》の神は、これから人民《ひとくさ》のゐる所に降りて、酒や味噌を人民のために作らねばならぬぞよ」との勅命である。

これがミソの歴史のはじまりであり、文献としても、最古である。この段は、さらに詳しく、酒と味噌の材料や、その製醸の術《すべ》などを宣《のべ》られて、その法《のり》と術《すべ》とを宣《みことのり》で示されてあるが、そのことは後段の「ミソの作り方」に至って説くことにする。

これで読者の皆様方も、ミソの元名は「ムシ」であり、この音は、マ行の「ム」と、サ行の「シ」とで成語されてゐるのでミソの成語と同意語で、貴婦人の典侍や公卿の上臈語《じゃうらふことば》のムシではなくミソと同語であることや、ミソを創始された方が女神であらせられた天照大神《あまてらすおほみかみ》であり、その宣伝普及をされた元祖の主管《かみ》さまが、熊野奇日命《くまぬくすびのみこと》と、その妻神熊野奇日《くまぬくすび》女命《めのみこと》であることもお知りになった。

栄養《ながいき》のくすり

天照大神《あまてらすおほみかみ》神から、「味噌《むし》を作《つく》り成《な》して天降《あも》りせよ」と勅命された二柱《ふたはしら》の神は、天上界で味噌《むし》作《つく》りの術《すべ》を修得された上で、人《ひと》

みそつき

民《くさ》の世に降りて来られて、まづ「アナトノクニ」から勅命どほりにミソの宣伝普及に取りかかられたのである。

アナトノクニとは、長門《ながと》、周防《すはう》、安芸《あき》の古名で、いまの山口、広島両県である。これより前天上界《さきたかまがはら》での勅命の際《とき》、「サカ（酒）ハクスシ（医薬のこと）トシ　ムシ（味噌）ハクスネ（練薬）トナセ」と、慈愛のこもった勅命がある。

これに依っても判るやうに、酒も味噌も長命《ながいき》の薬として、人民の栄養剤《ながいきぐすり》として、ことさらに普及をはかられたのが、今日に及んで、のこされてゐるのである。

ミソを作る、つまり藝《うゑつけ》るには、糀《かうぢ》を醸《かも》さなければ、ミソは作れない。それを醸すためには、どうしても、米や麦を蒸さねばならない。そして蒸したものには糀の種である種麹《もやし》を藝《うゑつけ》しなければ糀は醸《かも》されない。

その術《てだて》が、醸造学が、タカマノハラで既に発明されて、美味な酒や味噌が、吾々の血肉の中に、栄養を注入することが始まってゐたことを考へると、遠祖《とほつおや》たちの、術《ちゑ》（巧智）の深さには、おどろくばかりである。文化は進歩したなどといって、ただ、うぬぼれてゐる現代人が、あの美味な民族食の味噌の上に、それ以上の物を発明できるか。

まったく、味噌の上に、より以上の味噌を、作れる筈はないのである。写真の臼と杵は昔そのままの物だが、今では余り使はれてゐない。

味噌大学

第二講

手《て》前《まえ》味《み》噌《そ》

先日、ある雑誌で、宮内庁の、有名な料理の先生の書かれた随筆を読んだが、この先生も、ミソは支那や朝鮮から来た、とはっきり書かれてあった。この、第一講でここに説明してあるやうに、ミソが日本古来の国食であったことを御存知ないからである。

日本人と味噌とは、切っても切りがたい血肉の関係にあるが、これらの歴史的なことや、今日に至る経過などを、こまごまと論述することも「味噌大学」としては、大いに大切なことではあるが、それらを、引きつづいてここに書きつづけることは、読む努力がいるので、それらは折にふれて述べることとしてとりあへず、誰でも、ミソを作れる作法を述べることにする。

それも、大量では、道具や容器も必要となって、ちょっと作ってみたいと思ふ人も不如意になるので、少量のミソ作りを、お手引する。極めて平凡な、しかも大衆的であって家庭に妙味のふかい「米味噌」から手始とする。米ミソとは、米糀を大豆に中和させて作るミソのことである。

長寿の訣《おくのて》は味噌

家庭といっても家庭もいろいろで、団地族も、アパート族も、間借族も含まれた家庭である。それらに共通するミソ作りは、勉強にいそがしくて、何もかも買ひ喰ひですましたがる学生でも、やってみる心構えがあれば訳なく出来る。お嫁入前の娘さんなど、花嫁修業と思って、是非とも、やってみるがよい。ミソの作り方ぐらゐ知らずに、子供の作り方が上手なだけでは、人生が味気ないままで過ぎて墓場ゆきとなる。

人間に生れて、この生を享《う》けたのであるから、誰でも栄養《ながいき》の生涯をおくらねば、せっかく生れた甲斐がない。私は百歳以上の長寿者三十一人に直接お目にかかって、食物のことをつぶさに、をしへてもらったのであるが、例外なく味噌汁の嫌ひな人は一人もゐなかった。

茨城県の猿島《さしま》郡に浄国寺がある。親鸞聖人の旧跡の由緒寺だが、そこの前坊守さまも、百歳のとき、お祝があって、おまねきされた方々に差しあげる記念杯に、お孫さんの内手俊光師から「寿」の字を私が書かされた。そんな光栄で、坊守さまの一生の長寿法を直接にきくことを得たが、坊守さまは、ミソ汁は生命《いのち》のツナだ、と仰言ってゐられた。

蒸籠から蒸しあがりの飯をうすべりに開けて冷ます

味噌を知らず味噌汁を語る

その前に、ここで一言しておきたいことがある。それは先年、朝日新聞に連載されて、たいへん評判のよかった、「わが家のミソ汁」のことである。当時学芸部長の扇谷正造先生のアイデアの的中で、なかなか結構至極なことであった。ところでその執筆者の奥様がたの遍照金剛《へんぜこんがう》ぶりがまことに愉快であった。

私の家《うち》では浅草のナントカ屋のおミソですが、とか、私の家《うち》は昔から品川のナントカ屋のおミソざますの——と言った調子で、それが麦ミソだか、小麦ミソだか、米ミソであるのか、または八丁ミソの類《たぐひ》であるのか、大豆だけのミソであるのか、さっぱり訳がわからない。

値段のオ高いオ苦味《にがみ》のオ強い、大豆だけ単味のミソが、値段さへ高ければ上ミソと思ってゐらっしゃる。それで私が云ったことだが、「あれはミソ汁ばなしではなくて、汁の実の自慢ばなしぢゃないか。物知らずも、ここまでくると天国だ」と云って笑った。

味噌の味はミソ菌の味

ついでに、ここで辻留さんを引っぱりだすのも一種の宣伝だが、彼の味噌汁三百六十五日に、彼はミソ汁には七十五度の熱が必要だと書いたと私に云った。それは駄目である。

偽物ミソは別だが、本物ミソを、五十度以上の火熱でたぎらかすと、大切なミソ菌が死滅する。四十五度がミソ菌の最盛であるから、出来れば四十五度で止めたいところだ。汁の実はダシ汁で先によく煮ておいて、火熱度を五十度以下に落としてからミソを入れるのが、ミソの本質にかなったミソ汁づくりである。

味噌の本質は大豆

それでは誰にでもたやすく作れて、しかも上味の本当の米ミソの作り方を述べる。

その材料は、先づ、大豆一升と、米一升、塩三合を用意しなければならないが、米は麴を買ふからいらない。

大豆一升は重さ三百八十匁、一キロ四百三十グラムぐらゐである。これを水に漬《つけ》る。もちろんよく洗って、皮のまま、大豆の量の三倍ぐらゐの水に五、六時間つけておく。

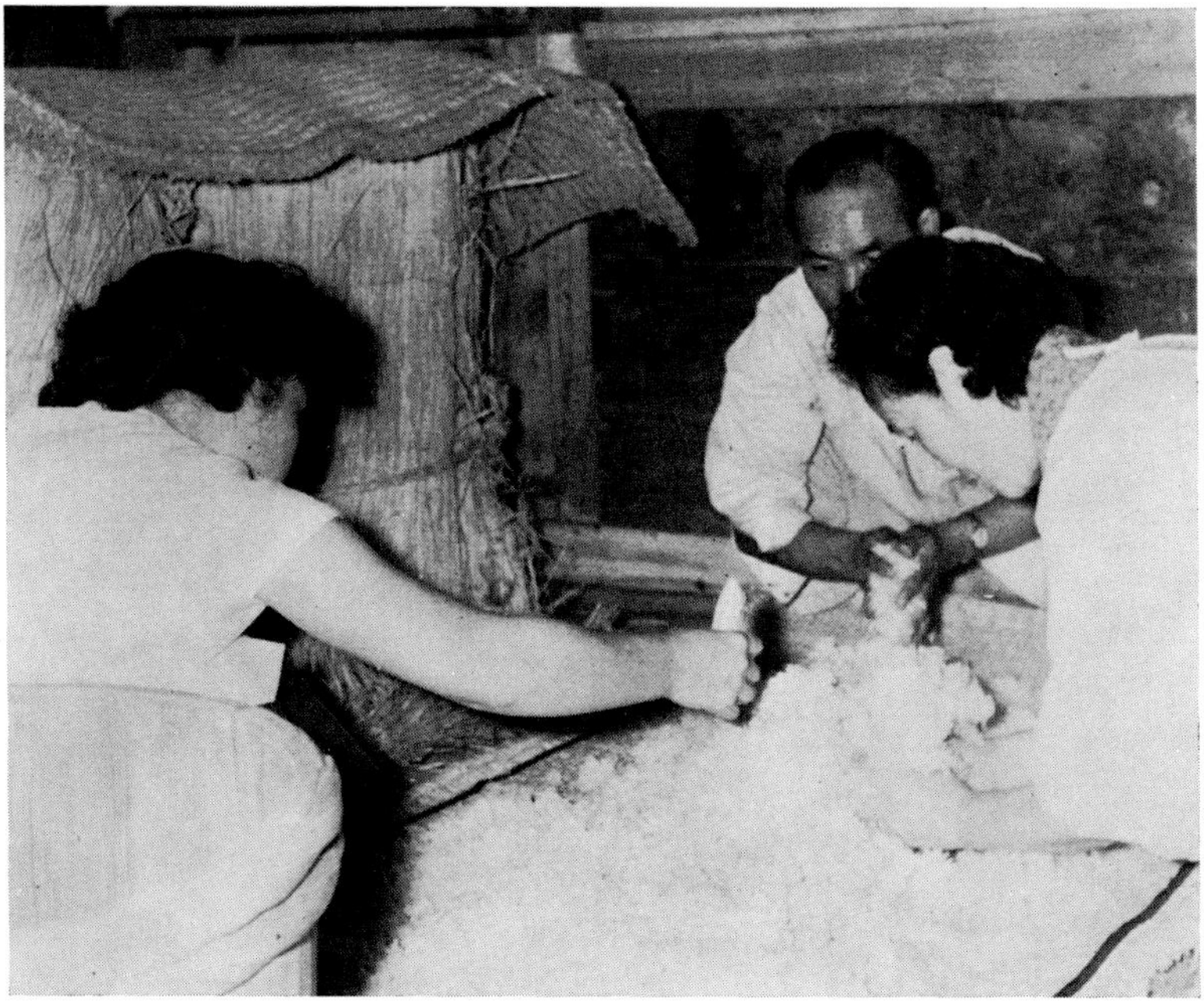
冷めた飯に種麴をつけてゐるところ

大豆は詳しい分析表にもあるとほり、主たる含有物は、蛋白と脂肪である。栄養の王様格である。その大豆も日本内地産が最高の良質で、次は北海道、満州の順であるが、戦後はアメリカ物が多量に来るが、アメリカ物は最下等品である。水に漬《つけ》て、量が増量するほど良《よ》い豆である。倍以上にふくれて増量するのが日本大豆の特質である。この稿のために実験した昭和三十九年度の新大豆でも、日本内地産の物を一升、水に六時間漬《つけ》て実験したが、二升四合（八百二十匁）三キロ七十五グラムに増量し二倍以上の実質をもってゐることを証明した。

味噌麹の位置

次は米であるが、これも日本物にまさる米はどこにもない。米も一升でよい。これは大豆と等量といって、大豆が原《げん》穀《こく》で一升なら、米も一升のことだ。

ところが米は糀にしなければならないので、この糀つくりは、都会生活者には面倒だ。米を蒸す蒸籠《せいろう》も必要だし、麹を仕込むムロも必要だ。ムロがなければ、蒲団や莚《むしろ》などに包む方法もあるが、これも広い部屋のない家庭では面倒だから麹は自製しないでそこらの食料品店で買ふがよい。原穀の等量となると、大豆が水に漬《つけ》られる前の一升であれば、米も水に漬《つけ》る前の一升である。水に漬《つけ》ると、どちらも膨《ふく》れて増量する。

この膨《ふく》れ量は、その産地と育ちと、新旧の差に依って一定しない。古い物ほど膨れる量が多い。米と大豆は、どちらかといふと、米の方が大豆よりも膨《ふく》らみ量が少い。その点を頭に入れて、殖え量の少い米は、大豆との膨らみ量のバランスを取るために、一升を一升五合か六合にすると、等量の平均が理想的になる。

この辺の勘考は、その人の頭《あたま》の中の脳ミソの良否できまることであるから、程よく藝術しなければ、私が手をとって、をしへる訳にはゆかない。味噌の味を左右する麹は、大豆の味を高める添味材であることを頭にたたみ込んでおくことが大切である。普通の米一升は、水につけて膨《ふく》らますと、一升三合以上に殖《ふ》える。それを蒸して、麹菌を植えて、醸して麹に仕込み仕上げると、およそ二升六合ぐらゐで、その重さは、原穀で四百匁（一キロ五百グラム）ぐらゐに殖えるのである。その麹を自分で作る代りに、食料品店で米麹を買ふときは、その量だけ買はねばならない。

麹の市価は、三十九年十二月十二日の相場で、一枚が百二十円でその量は三合五勺。重さは九十五匁(三百五十グラム)であったから、およそ八枚ぐらゐ買へばよろしい。

味噌の生命を左右する塩

次は塩である。塩は、味噌や漬物などの生命を保つ重要な使命や地位をもってゐる。昔から、「何合塩」または「等塩」などといって、その味噌の生命を保つ標準が示されてゐる。

二合塩といへば、大豆一升に対して、二合の塩で仕込むことをいふのだ。一斗の場合は二升、一石のときは二斗の塩で仕込むことになる。それが、「等塩」となると、一升の大豆に一升の塩であるから、等《ひとし》い塩量であり均《ひとし》い対等の塩といふ意味である。この等塩の味噌は、飛びあがるほど辛いが、辛いだけに、まる三年たたないと、塩が馴《すなほ》にならないので、仕込んで四年目ぐらゐから食べるのである。これは米麹は少く、主として大麦、はだか麦、小麦などの麹で仕込む味噌で、農家用である。味噌の滓《かす》を漉《こ》して、牛や馬の飼料に使ふためである。普通の米味噌では、二合塩、三合塩で、四合塩が最高である。この割合は、いつでも、大豆一升に対する塩量のことで、麹に対してではない。麹も、塩と同格で、大豆に混和させて味噌の特性を生かす大切な物である。

これで判るとほり、ミソは大豆が主材である。この大豆に、麹を多く混ぜたが良《よ》いか、少く混ぜたがよいかといふと、大豆との等量より、多い方が、ミソの味が甘《あま》くなって、味がよくなる。それも、多いが良いといっても、二倍以上はよろしくない。せめて一倍半か二倍が程よき、「程」である。

塩は、四合塩より三合塩が早く、三合塩より二合塩の方が早く食べられる。二合塩なら仕込んで三ヵ月目には食べられるし、三合塩は、それより一ヵ月半乃至二ヵ月はおくれて馴《すなほ》になる。四合塩は、さらに、それよりおくれて塩馴《しほな》れるので食べられる時期が三ヵ月は遅れる。

その代りに、長持ち(長期保管)するのは塩の多いほど長持ち出来る。四合塩なら十年ぐらゐは大丈夫だし、味も枯れてくる。味が枯れるとは、ミソ菌が変化することだ。顕微鏡でみると、新しいミソ菌が物凄く発達してゐる。新菌が発生して旧菌と盛力を交替しつつある作用が起きてゐる。この辺の科学は、まだ学会にも発表されてない。はなはだ妙味あることだが、この研究は味噌を沢山保有してゐない人には出来ない。

気ながに大豆を煮ること

ここで、米味噌作法をまとめる。

前に述べた大豆一升の水漬は、六時間ほどの水漬で充分である。水揚げした大豆は、一升が二升四合に殖えてゐる。これを、十五、六時間ほど水で煮て、口に入れたら舌でつぶれるくらゐに、どろどろに煮る。煮つまって水がなくなったら足しては煮る。

用事ができて出かけたりするときは、火をとめて、用事が終ったらまた煮る。あわてないで気ながに、丹念に火をとめたり、煮たりするのが良いのだから、二日かかっても三日がかりでもよい。どろどろに煮えてからでも、あわてずに鍋をおろして、自然冷却を待つ。冷めたら鍋のままでもよいが、鍋をいためないために擂鉢《すりばち》にとって、擂粉木《すりこぎ》で搗く。これこそどろどろに搗く。

この場合に、肉挽機があれば、これにかけたら、ウソのやうに手早くどろどろに挽くことが出来る。私の家では、前は臼に入れて、杵で搗いてゐたのであるが、肉挽機を入れてからは、モーターの力を、もっぱら、これに利用してゐる。四斗釜の大豆ぐらゐは、たちまちである。

大豆は口に入れたら舌でつぶれるくらゐによく煮る

かくして、大豆をどろどろにつぶし終ったら、煮るときに出来た煮汁と混ぜてどろどろにする。この煮汁は俗に「アメ」といって、脂肪の煮詰りであるから、ミソの味をよくする素《もと》になるので大切に取っておいて、最後にどろどろにした大豆と混合して、二合なり、三合なり、四合の塩を充分搗きまぜて、樽か瓶に入れる。その中に、最後に買っておいた米麹全量を搗き混ぜて表面を平にする。

そして、その表面に広昆布《ひろこんぶ》を敷いて押しつけ、その上に板の押《お》し蓋《ぶた》をのせて、拳《こぶし》ぐらゐな石をおく。その上からビニールを冠せ、ヒモでゴミや蠅などが、はひらぬやうにしておく。これで馴れる（醸造される）まで待つのである。

手前味噌といふこと

三ヵ月近くなれば食べられる。その間に、十日に一度ぐらゐは、まぜ返して、馴れを調節するがよい。

これまでの手段方法を、「藝《うゑつけ》の術《はかりごと》」といふのであるが、その丹念《まこと》が、やがて、三ヵ月も経ってから蓋あけして、食べる段になって、その味に出てゐなければ、藝術された味噌ではないのである。味噌こそ、手前味噌と言って、その味が、各人各様に出てくるのが本質で、三角寛の講義どほりにやったので、三角寛の味が出たのでは、それは失敗といふものだ。

山中君なら山中君、川中女史なら川中女史、山川夫人なら山川夫人の味が、人格同様に、それぞれ個々に表現されてこそ、真の手前味噌であるのだから、山川夫人は山川夫人の味、山中君なら山中君の丹念《まこと》が、味に出て来なかったら、藝術された手前味噌とはいへないのである。三角寛の偽物を作らぬやうにくれぐれも述べておく。人間は、千億万人ゐても、その個性は千億万である。

この真理を知って、味噌作りも、人間の指紋と同じで、同一な物はないのであるから、味に、その個性が表現されてない限り、それは藝術されたものではないことを、重ねて申し上げておく。

味噌大学

第三講

麦味噌

味噌の学問を究《きは》むるには、麹学が大切であるが、一般大衆には麹学を究めてゐる時間もないので、それは略して、今回は麦麹で、麦味噌を作る法を説明する。

前講では、米味噌の作り方を説明したので、米麹のことは、すでにおわかりになったことと思ふ。前講に説明したやうに、麹といったらすべて米麹と、誰もが思ってゐる。市販されてゐる麹も、すべて「米麹」であって、他の麹は市販されてゐない。

それで、美味な麦味噌を作りたいと思ふなら、麦麹を自製しなければならない。ところが、麹を作るとなると、その道具まで用意しなければならないので、それが面倒《めんだう》くさい。面倒な人には、こんな講義をしたところで、何の益《やく》にもたたないが読むだけでも読んでおけば、また、いつかは益《やく》にたつだらう。

中には、三角寛のやうな物ずきな人間がゐて、何十種類もの味噌を作って、一人《ひとり》で悦に入ってゐる。とても思ふことも、また社会学の参考にもなるだらう。

この第三講では、「麦味噌」を説明することにしたが、麦味噌は、味噌の中の大御所で、その味も味噌の王様である。

池田勇人さんが、大蔵大臣のときに、「貧乏人は麦を食へ」といって、悪評を浴びたが、あれを「金持ほど麦を食へ」といったら、それは実に立派な教訓指導になった。だいいち、栄養保健の立場からいっても、米ばかり食って短命に終ることに気づかない大衆を、大いに指導したことになったのに、惜しいことをした。

しかも、米は金持が食ふ物で、麦は貧乏人の食ふ物。と思ひ込んでゐたのであらうから、正直に、その本音を吐いたのであらう。総理大臣池田勇人は、米を食過ぎて癌になって死んだ。あれが麦を食ってゐたら、癌などにはならなかったのだ。
ところが、この池田流の、物の考へ方は、一般大衆的である。私の家、そのものが池田流であるから気に入らない。私は昔から麦飯で、その麦飯は、婦人画報のグラビヤでも紹介されたことがあるが、その麦飯宗の私の家では、私一人だけが信者である。死んだ女房も、娘も聟も、孫も、大勢の雇人たちも全部、また二匹の犬まで米飯宗である。麦を食へといったら、それこそ、たいへん、ストでも起すだらう。運転手の一人などは、麦飯など食へるかい、といふのである。

米糀の種付（仕込）。むし上った米に種つけするところ

この風潮は、池田発言以来、ことにはげしくなって、その頃まで私に附合って、止むを得ず食ってゐた女房まで、私だけを笊飯《ざるめし》にして、麦飯と絶縁して、養子に順《したが》ってゐたが遂に癌で死んでしまった。

そのやうな次第で、米の飯をタラ腹《ふく》食って、麦には見向きもしない養子と娘である。

この天下の親不孝どもは、父親の作った味噌も食へなくて、買ひ味噌を食ってゐるやうだが、哀れといふか、憐といふか果報寸前である。

麦味噌が味噌の王様

地方の田舎味噌には、その麦味噌が多いので、本当の味噌らしい味噌が沢山あるが、買ひ食ひ専門の都会では、麦味噌は売られてないので、都会人は、うまくない味噌以外に、その麦味噌の味も知ることができないのである。

農村地帯では、麦味噌を作って、駄飼《だがひ》といって、牛馬を飼育する飼料《かひゐさ》に、その味噌の渣滓《かす》を使ふのである。藁や、乾草《ほしくさ》をきざんで、糠《こめぬか》をまぜ合はせ、その上に熱湯で味噌滓《みそかす》を薄《うす》めた汁をかけて、よくかきまぜて牛馬に食はせる。またのませる。この味噌滓をといた飼水を飲ませることが、牛馬の艶《つや》に利《き》くので、農家は大昔から、人馬共通の麦味噌を作るのである。それで牛馬が、ひょろひょろにやせて、毛色に、艶がないのは、「味噌汁をのませてないからだ」といはれるのである。

農家の麦味噌は、殼《から》をかぶったままの麦を麴にする。殼《から》を牛馬に食はせるためである。人間の方は、その実《み》の方を食ふのである。それで、田舎味噌をたべる時は、味噌揺《すり》もしなければならないので擂鉢《すりばち》もいるし、擂粉木《すりこぎ》もいる。また、味噌《みそ》漉《こし》も必要となってくる。

それらの道具を使って、味噌《みそ》漉《こし》の籠目《かごめ》をくぐらせた味噌の汁は、そこらから買ってきた速醸の米味噌などとは、まったく比較できない妙味である。

この麦味噌には、大麦、裸麦、小麦の三種類あるが、大麦の方が裸麦より味がよい。小麦は、全く別な性質で、味の点では、小麦は複雑な香気があって、醤油に近い味をもってゐる。味噌漬を漬《つけ》るには小麦味噌が最高最適である。この小麦は、径山《きんざん》(金山)寺《じ》味噌を作るには、なくては出来ない物で、味噌麹の位置においては、はなはだ位置の高い物だ。この径山寺味噌に漬《つけ》た味噌漬は、味噌漬中の王様で、これより美味な味噌漬はないのである。

味噌を知らぬ調理人

私は旅行する場合には、味噌と、味噌漬と、漬物の三種類はかならず持ってゆく。旅館やホテルの味噌汁や漬物は食はれないからである。ところが、一流調理人であると宿の主人が自慢する調理人で私の味噌や漬物を、満足に取り扱へた調理人は一人もゐない。すべて、そこらで売ってゐる物と同一に扱ふので、ついに食はれない物にされてしまふ。紅梅漬の生姜《しやうが》

先にどろどろにしてあるカメの中に麹を突き込むところ

を、幅五分、長さ一寸五分、厚みを三分ぐらゐに切ったりする。また銀座で昔の関取がやってゐる料理屋で、仏事を営んだので葉附澤庵《はつきたくあん》を来客用に持って行ったら、調理人が、幅五分ぐらゐの筒切にして、大皿に盛ってきた。そこらの偽澤《にせたく》庵《あん》と同じに扱ったのである。葉附澤庵など、高価な珍品を扱ふときは、をしへを受けて処理すべきことすら知らないのである。こ奴は葉の方は切って捨てたといふのだから、手におへない馬鹿者だ。葉の方が甘《うま》いのだ。那須の御用邸近くの旅館で、調理人が座敷に来て、「お客様の御味噌を、充分漉《こし》ましたが、だしは、鰹節と味の素でよろしうござゐませうか?」とたづねにきた。「鰹節と味の素は絶対にいけない。だしは煮干と干大根、干大根がなかったら、椎茸にしておくれ」といって、それから、大切なことを私が尋《たづ》ねた。「いま、みそを、充分に漉《こし》たといったが、漉《こし》て滓《かす》か何か出ましたか?」と。調理人は首をかしげてゐたが、「ほんの少し滓のやうなものが」といった。「あの味噌は、麦味噌だけど、漉味噌《こしみそ》ではないのだ。漉《こし》たりすると味が落ちるから、そんなことをしないで、いきなり入れて下さい」とをしへたら、「味噌は擂《す》って漉《こす》ものと思ひました」といふので、「それは田舎味噌のことで、あれは、味噌漉《みそこし》いらずに作ってある。漉《こし》ても滓《かす》は出ないのだ」とをしへたら、「へえ、あの母念堂《もねんだう》とか包装紙にありましたが、どういふ味噌屋でありますか」といったので、みなが、どっと笑った。「私のうちのミソ倉を母念堂《もねんだう》

径山寺味噌。刀豆《なたまめ》の味噌漬。

「といふんだ」とをしへたら「へえ、先生のおミソですか、へえ」と何度もいってゐた。さういふ訳で、味噌は味噌漉《こし》で滓《かす》を取るものと調理人の頭では考へてゐるのだ。それは牛馬と共に生きる人々の製法によった味噌しか知らぬからである。

人間専用の麦味噌

そこから脱却して、人間専用に作られてゐるのが、母《も》念堂《ねんだう》、すなはち、三角家家伝の麦味噌である。これを作るには、麦の原料を搗いて白麦にしなければならない。少量なれば、臼に入れて杵で搗くのである。大量なれば水車で搗くのであるが、今は機械で製麦するので手っ取り早い。

この製麦された麦を手に入れるには、米屋にたのめばよい。しかし、東京や大阪などの都会地の米屋には、押麦《おしむぎ》はあるが、丸麦は勿論、小麦などないから、前もって手配しなければ手にはひらない。雑穀屋なら、あるかも知れない。また最近、白麦を宣伝してゐるところもあるが、現今は、麦の皮を取ることなど米屋もやってくれない。

大麦麹のでき上がり

引き込みから出麹まで

その、製白麦、一升
麹菌、八グラムほど
大豆、一升
塩、三合

以上が、麦味噌の四要素である。

先づ、大麦でも裸麦でもよい。一升を水で洗ふ。この麦磨《むぎとぎ》は、そんなに念を入れなくとも、濁水が澄めばよい。磨《とぎ》がすんだら、米と同じで水を倍以上にして数時間以上水漬しておく。麦類は米とちがって、物すごく水ぶくれして量が増す。

勿論、産地の土地の性質によって、増量する程度が違ふが、五割以上、場合によっては、特別の物では、十五割も増量する。充分に水分に水漬されて、これ以上には増量しないことを認めたら、そこでこれを蒸籠《せいろう》にとって蒸す。蒸しあがったら、大きな容器にあけて杓文字《しゃもじ》で掻きひろげながら人間の体温程度に冷す。つまり、人肌ほどにさます。人間の体温には極端な差はないから、手をあててみて、自分の体温ぐらゐになっておれば、そこで麹菌《もやし》を振りかけて、よく掻きまぜる。モヤシとは、「種麹」のことだ。

この種麹製造業者も数多いが、私は松本憲次博士との関係

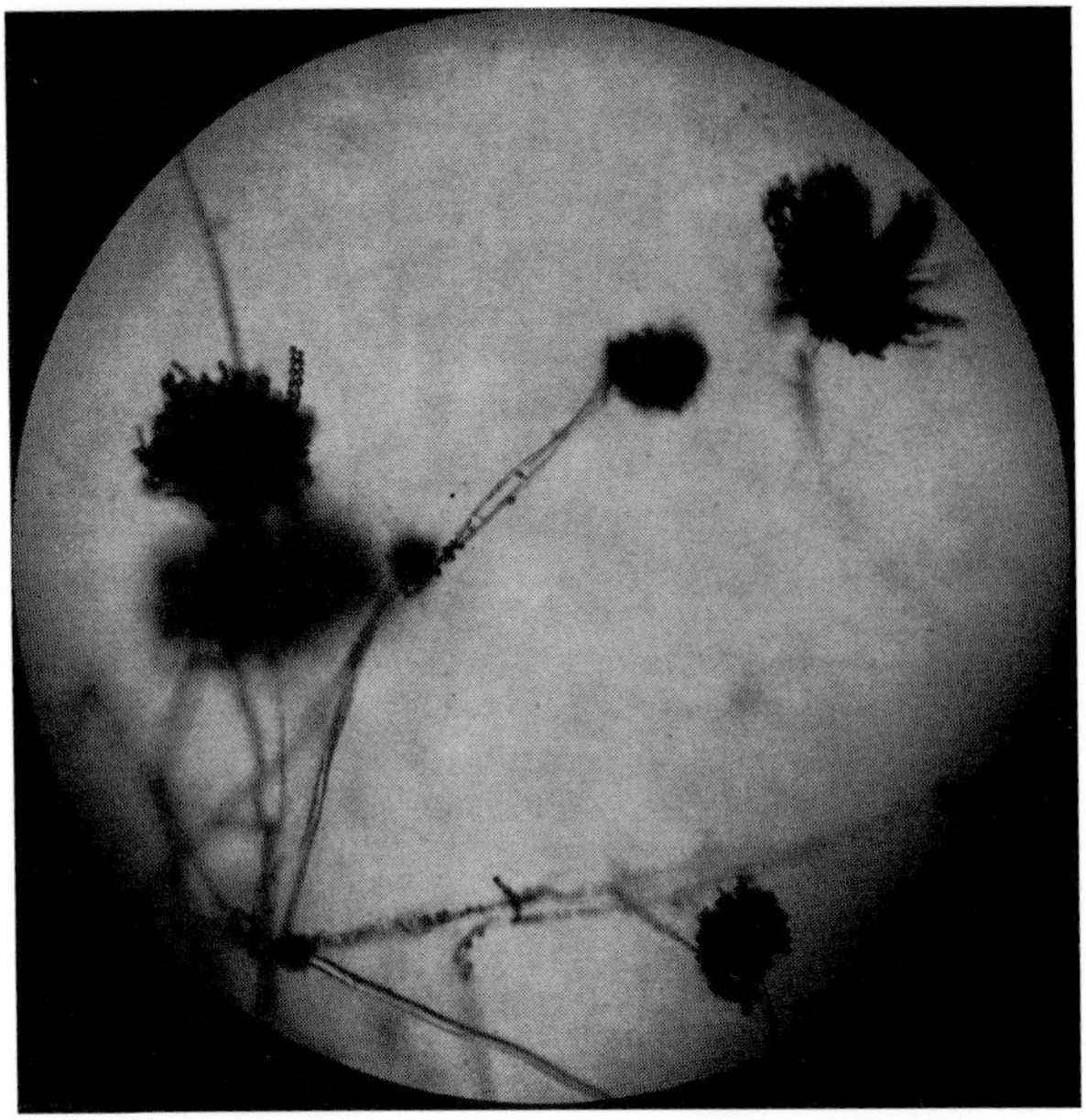

味噌を美味にする糀菌（顕微鏡写真 800 倍）

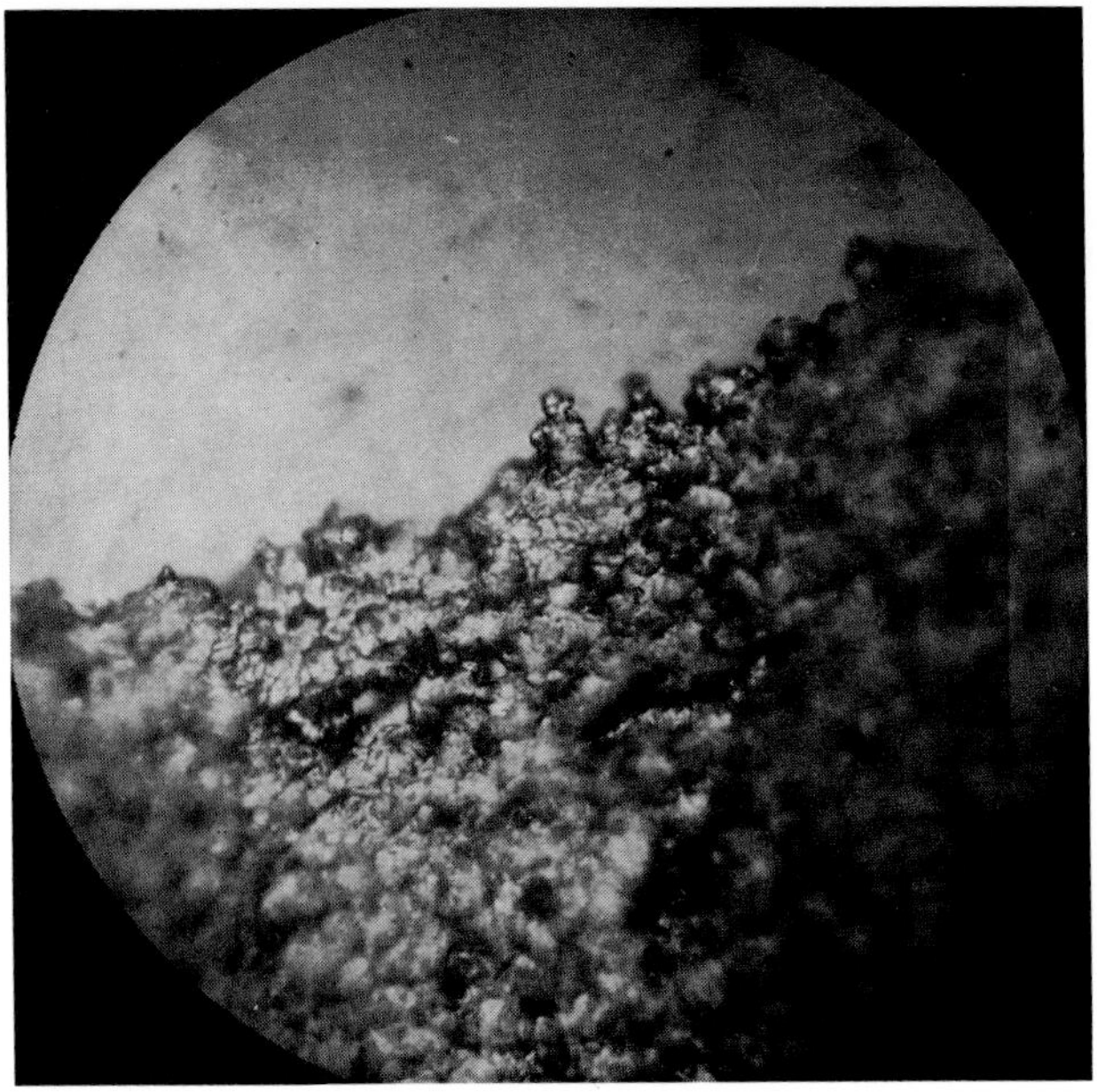

大麦の麹菌（顕微鏡写真）

から、日本醸造の種麹を専門に使ってゐる。松本農博の指導品だ。味噌専用の種麹は、丸福種麹《まるふくもやし》と総称されてゐるが、その中でも、M1号菌が、発芽力《はつがりよく》が強くて良《よ》い。

発芽力といふことは、種麹の菌《きん》が、蒸した米麦に、作用して、麹の芽を吹き出す力をいふのだ。この作用をハゼ込《こ》みともいふ。この粶《はぜ》込みの強いほど、麹菌が上等である。これを破精込みとも書く。これは乳酸菌を繁殖させるほど、味噌が美味になるので、よい種麹を使ふことが味の素の秘伝である。

そこで、麦麹用の麦飯に八グラムほどをいま、さました蒸《むし》飯《めし》の中に振りまぜて、掌《てのひら》で、よく、もみほごしたら、全体に、もみこんで寝せるのである。これを、「種つけ、引き込み」といふ。

麹室《むろ》など、普通人の家にある筈はないのだから、寝室でも客間でもよろしい。毛布などを冠せて、麹室《むろ》の代用にする。いま種つけをすました、すなはち、菌をまぜた蒸飯《むしめし》を、ボール箱に類した箱か何かに、厚さ一寸五分ぐらゐに入れて、上からフタをして、毛布の中に寝せて、その上から、毛布か蒲団《ふとん》をかける。中にコタツを入れると尚よい。そして十時間ぐらゐ経《た》ったら、「切返《きりかへ》し」といって、よく交ぜ返す。さらに十八時間ぐらゐ経ったら、もう一度、切り返す。このころには三十八度から四十度ぐらゐに熱が出て麹の香ばしい匂《にほ》ひが醸《かも》されて出る。毛布や蒲団《ふとん》は、そのままにかけておく。かくして「種つけ引き込み」から四十四時間目ごろになって、「出麹」になる。つまり、蒲団をとって、麹を出すのである。

蒸した飯に、花が咲いたといって、肉眼で見ると、すっかり雪がつもったやうに一変して麹になってゐる。顕微鏡で見ると、蒲公英《たんぽぽ》の花そっくりの美しさで、種菌が粒《つぶ》の中に喰ひこんでゆく姿がよく見える。これを映画にしたのを見ると、ミソ菌の活躍がよくわかる。このミソ菌の写真は母念堂以外にはないが、ミソとは、その菌のことであることがよくわかる。ここで、麹ができあがったのであるから、ここを出麹といふのだ。

この麹は、涼しいところに展《ひろ》げて、ほすのである。ほして、さめきったら、いよいよ、味噌に仕込むのである。

味噌の仕込み方は、第二講の米味噌の、米麹が、麦麹に代っただけであるから、前号を読み返してもらひたい。

新容器は不可

前講で、大豆に、麹を搗き交ぜ、三合の塩で仕込むことを説明したが、その米麹に、麦麹が代ったたけのことで、麦味噌が出来るのであるから、実習してもらひたい。仕込容器は樽《たる》かカメが良い。ビニール類似の新容器はいけない。

味噌大学

第四講

積年味噌

醍醐味《だいごみ》

味噌にも千差《せんさ》万別《ばんべつ》あることを、御存知であることと思ふ。その中でも、いま市場で販売されてゐるミソは「市販味噌」である。私がここで講義してゐる味噌は「家庭味噌」である。したがって、製造販売業を実行したいと思ふ人は、このやうな講義を読んでも益《やく》には立たない。何故かと云へば、手形に追ひかけられて、金利計算の方に縛られてゐる企業では、理想的な、素晴しい美味な味噌は作れないのである。味噌組合の製造業者の方々とは懇意であるが、お会ひする度に、いつも話すことは、ミソだけは諸物価の中で、あまりにも値段が安すぎる。いまのような安値では、ろくなミソは造れない。といふことだ。だから市販のミソは安い、うまくない物といふことにきまってゐる。

ここで講義してゐるとほりの味噌であれば、いま市販されてゐるミソの値段では売れないのである。二年物のミソを持ってゐるミソ屋と云ったら、恐らく（ある工程上で止むを得ず、持ってゐる以外に）一軒のメーカーもないことで判るやうに、本来の自然醸造の味噌はどこにもないのである。そこへゆくと、わが家庭味噌においては、五年物、七年物、十年物、十三年物と、積年物は珍しくないのである。

そのやうな積年物を、企業者として金利計算すると、相当高価な価格になる。さうした物を愛用することが出来る境地、金に換算できない「家庭味噌」に醍醐味《だいごみ》がある。

俗に「枯れた味」とか、「豊潤《ほうじゆん》」な味などと表現される味《あぢ》言葉《ことば》があるが、枯れた、と豊《ゆた》かとは反語のやうに勘ちがひされるが、意味は醍醐味のことをいふのだ。もともと醍醐とは、牛乳の精製された物のことだが、それが仏性表現となって、人間最高の味の三昧境《さんまいきやう》をいふのだ。

日本人の食生活（食はねば死ぬのだから、この語《ことば》は歪語《ひずみご》だが）の王座《わうざ》に位《くらゐ》する味噌であるから、味も三昧境であってほしい。これは私の念願である。

単身《ひとりみ》味噌とは

味噌にもいろいろ種類はあるが、今まで講義した味噌は、主材は大豆で、大豆に、米または麦の麹を合はせて調製する、「合はせ味噌」のことを述べた。それで読者は、ミソとは、大豆に米糀または麦糀を入れなければミソはできない物と思ふだらう。

ところが、米糀や麦糀を合はせなくても、味噌は作れる。それを「単身《どくしん》味噌《みそ》」または、「単味《たんみ》味噌」「大豆味噌」ともいふ。これは大豆に直接麹菌を作用させて作る味噌で、愛知県の東部地方あたりで昔から作られてゐる。八丁ミソの系統である。

大豆ミソは、大豆に麹菌を作用させて、大豆そのものを麹にして、塩で仕込むだけのことであるから、至って簡単な製法である。

材料が大豆だけであるから、はなはだ美味とは云へない。それは仕込んでから、少くとも満一年以上たたないと味が出ないので、味が出てから売りだす。その据置きの金利計算が計上されるので、一般ミソより値段が高い。一般大衆は、そんなことは知らないから、値段が高ければ上等物と思って、喜んでゐる。一流旅館の調理人まで、値段が

味噌漬用の葉たうがらしの検査（うす塩で漬け込む）

高ければ上物かと思ひ違って、赤ダシでなくてはなどと云って、客用に使ってゐる。その実体には米麴も麦麴も加味されてはゐない下等な大豆ミソだ。味も知らない一般人には是で結構であらう。

私はいま、昭和三十三年一月二十日に仕込んだ大豆味噌を、この一月二十一日に蔵出《くらだし》をして、酒粕汁《さけのかすじる》に応用してみたが、満七年で、やっと味になってゐる。それでも、人々に、すすめて作らせる気にはなれない。ただ学問として作ってみただけである。この七年間に、このミソ菌の変化も調べてみたが、その変化の経過や、調製法などの始末はいづれ公表したい。機会があれば幸である。しかし価値の少ない物である。

この大豆だけで作るミソには、古来から種々《いろいろ》な手段方法があるし、その名称も幾多あるが、私の家伝にも十一種類の大豆味噌がある。その中で、世間大衆に普及させてもよいと思ってゐる物は一種類しかない。それは俗に「溜味噌《たまりみそ》」と呼ばれてゐるが、これは日本山海名産図絵にも出てゐる古い物で、上澄の溜汁で、諸種の料理を味附《あじつけ》する。その醤油の役目を溜汁《たまり》が果すのである。そしてミソは溜汁を料理に使ったあとを、ミソとして使ふのである。なかなか落ちつきのある味で、溜汁《たまり》も味噌も独特な味である。古書によると、「官駅の日用とする」とあるから、日本全国の官駅では公用として大に賞味されたらしい。

しかし、何と云っても、大豆を煮て（また蒸して）、藁に包んで自然糀にして、それを臼で搗いて塩を入れて仕込んだ過去《むかし》であるから、いくら上等にできても、米や麦、また小麦などの麴と調和させたものに、その味が勝《まさ》る筈はないのである。

径山寺《きんざんじ》も純小麦《じゆんこむぎ》ではない

そこで、それら単味大豆ミソのことは、またの機会にゆづることにして、第四講においては、味噌の中でも王様格の「小麦味噌」の金山寺を講述する。径山寺《きんざんじ》とも書く。

この小麦味噌も、また多種多様であるが今回はその中の、もっとも珍重される径山寺味噌の作り方を述べる。

径山寺は、金山寺とも書くが、名称の示すごとく僧家から出たもので、その本家は支那の径山寺といふことになってゐる。日本では、いたるところの僧堂で作られてゐる嘗め味噌である。非常に美味なので、その時代によっては、評判の高かった時代もある。

ところが、漢文で書かれた製法を読んでみると、小麦で作られた物は、はなはだ少くて、大麦が多い。しかも種麹《もろみ》を使はない自然醸造であるから、麹の仕込みに、三十五日間もかかってゐる。その仕込みに、煮た大豆に麦粉《むぎこ》と、麩《ふすま》が使はれてゐる。この麦粉《むぎこ》と麩《ふすま》も、果して小麦であるか、大麦であるかが不明である。

そこへゆくと、私の家伝は、純日本式で、小麦の原殻であるから、昔からの僧堂物とは全く違った製法で、はるかに贅沢で純度の高い栄養食である。小麦の豊富な九州独特な伝承である。

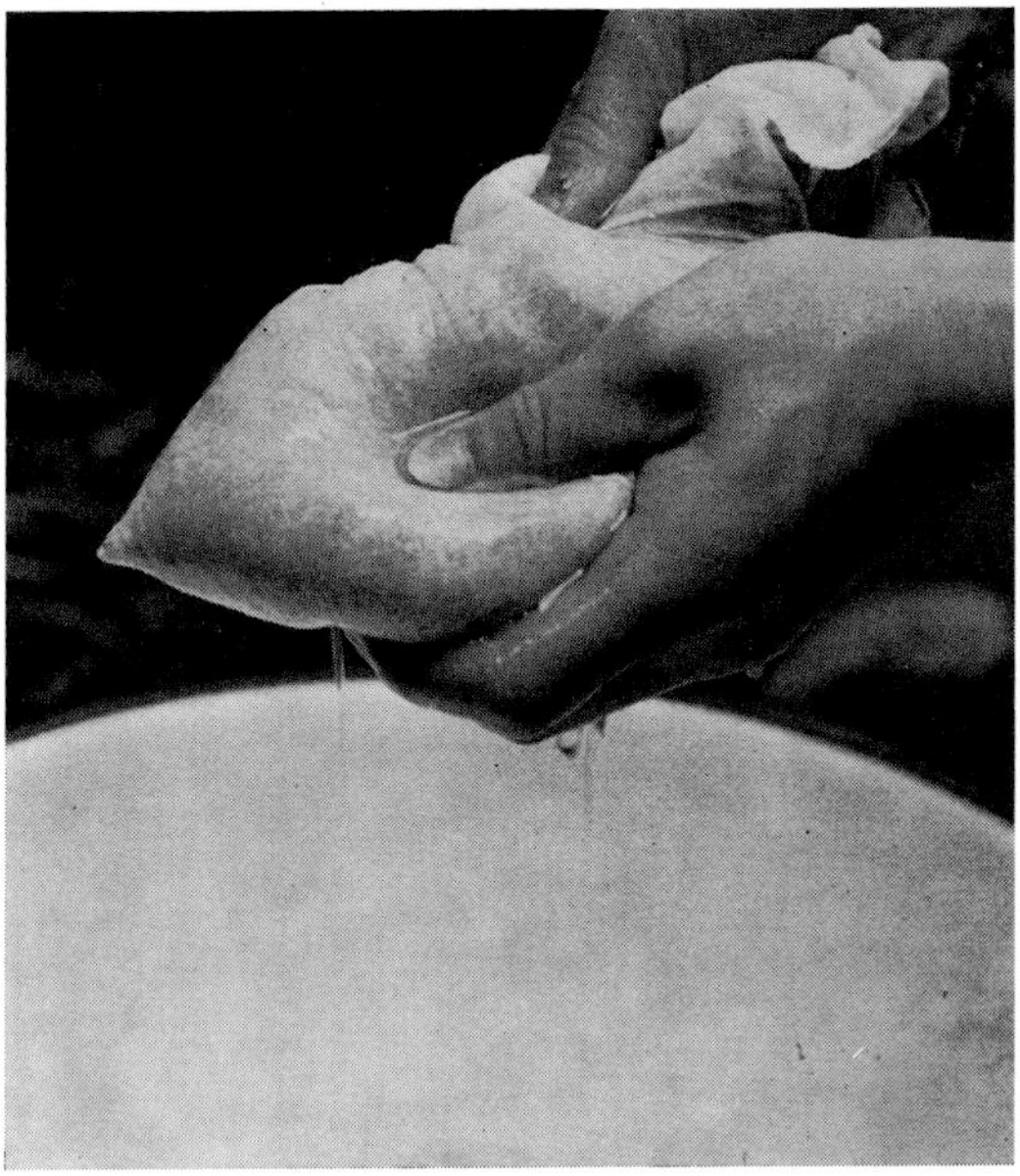

ミソ漬をガーゼの袋につめてミソに入れるところ

葉たうがらしを葉と実を選別してガーゼ袋に詰めてミソ漬にする

その材料と方法

材料

ほんの少量から練習するために、

大豆　一升

小麦　一升五合（多いほど味がよくなる）

食塩　三合塩（三合塩とは大豆一升に対して三合のこと）

種麹（丸福種麹《もやし》のこと）五匁ほど（ほんの少々）

(1) 方法

大豆を鍋かフライパンで炒《い》って外皮を除き去る。炒《い》ってゐるうちに二つに割れもするが、炒り終ったら、擂鉢などで二つ割以上に割る。（無理に割らなくとも良い）皮の部分は別に取っておいて種麹を増量させて仕込みに使ふもよし。皮をとった大豆は水漬にしておく。炒った大豆でも凄く水ぶくれするから、水はたっぷりにして、大豆がふくれたらまた水を足す。

(2) ここで小麦のことを説明する。

小麦は原穀のままでもよいが、原穀のままでは少し皮が厚すぎるので、米屋かどこかに頼むもよし、自分ですり鉢などで軽く搗く。搗いてうす皮を除く。あんまり念を入れると小麦粉になってしまふので、ほんの一皮《ひとかは》とる。一皮剝いた物を水洗して水漬する。小麦は、これも産地によるが、良い小麦は一日乃至二日ぐらゐ水漬すると、約九割方は増量する。一升の物が、一升九合ぐらゐになる。

右の工程は、小麦の水漬の方を先にする方がよい。小麦を水漬しておく間に、時間を考へて大豆を処理する方がよい。

(3) 大豆も、小麦も充分に水漬で増量したら、これを水揚げして、水を切って両方を合はせ、混ぜ合はせる。

充分に、むらなく混合したら、蒸籠《せいろう》に入れて蒸す。せいろのない家庭では、ごはんふかしでもよい。

よく蒸れたら、ウスベリか何か適当な敷物にひろげて、冷却さす。冷却と云っても、人間の体温程度まで。四十度が程よいと云はれてゐるが、あまりこまかい神経はいらない。身肌温と知っておればよい。

そこで、身肌温程度になったら、モヤシを、前に大豆を炒ったときの大豆皮を揉《も》みつぶして混《ま》ぜる。そのモヤシを、大豆小麦混合の蒸し飯によく混ぜたら、適当な縁《ふち》のある木箱に一寸か二寸程度に平にならして寝せこむ。これが前講でも説明した「種つけ」「引き込み」である。

このモヤシを混ぜた木箱の上には、毛布か蒲団をかけて、温度を保たせておけば、三日目には良い麹になる。

出た麹は、前講の手段方法とちがって、大豆、小麦が最初から混合で蒸されてあるので、このまま樽に仕込むのである。

仕込みは右の全量に対して塩三合（これは大豆に対する量）を、平均に混ぜ合はせ、少量の水を打って樽に詰め、平にならし、表面に広コンブを冠せ押蓋をのせ、その上から軽い押石《おもし》をのせ、ま

出来あがった径山寺味噌

たその上からビニール類をかぶせ、ヒモで樽の上縁《うはぶち》にしめつけておく。（これは、蚊や蝿の取りつき、ゴミ類の附着を防ぐ）

以上で径山寺《きんざんじ》味噌の工程は終りだが、十日目ぐらゐに、よく掻き混ぜて平にならすことが大切である。数回はくり返すがよい。

なお最後の拾弐講と併せ、よく読んでいただきたい。

径山寺藝術

三ヵ月もたてば上等の金山寺ができあがって、このミソは、所謂「なめ味噌」としても最高級である。旅館や料理屋でよく出されるセロリやネギ、胡瓜などにつけて出されるミソに、そんなにうまいといふ物はない。

この説明どほりに作った

ら、恐らく、あなたは、最高のミソ作りと云はれるであらう。
ところで、この藝術には、さまざまな術がある。その一例。

白瓜（二寸切）茄子（寸切）
橘皮（刮《けづり》）蓮肉《れんこん》（輪切両半）
生薑《しやうが》（厚切）山椒《さんしよ》（葉と粒）
茴香《うゐきやう》（微量炒る）

修行中の少年時代の著者

蒜《おほびる》 甘草《かんぞう》
紫蘇《しそ》葉《ば》 紫蘇《しそ》の実《み》
麻実《あさのみ》 榧実《かやのみ》
苦瓜《にがうり》（輪切）
唐辛子（丸実）
昆布（適当に細く切る）。木耳《きくらげ》（水母《くらげ》に似て、たいへんよいもの、小さく切ってまぜる）。

以上さまざまな味の物を同時に漬込む。私の小麦味噌、径山寺には漬込《つけこ》まれてある。この高雅な風味は、おそらく、今の大衆には、舌に郷愁がないので理解しにくいであらうが、味噌藝術ともなれば、祖先伝来の高雅さをいみじくも、家庭芸術として学びたいのが私の念願である。

世間の御婦人において、味噌藝術を思ひたたれ、右の物をつくり、家庭の食生活を沾《うるほ》し、知人や親類にまで、曲物にでも詰めて贈ったら、あなたの心栄《こころばえ》にびっくりするだらう。かういふものが、ほん当の日本の味だ。いや世界中どこを探してもないからである。

味噌大学

第五講

無《む》限《げん》の味《み》噌《そ》藝《げい》術《じゆつ》

味噌の藝術は、種々雑多な種類に創作することができる。私は現在五十八種類しか、製造して貯蔵してゐないが、過去《これまで》に二百種以上を試作してみた。それらは、すべて家伝されてゐるものばかりであるが、それにしても、先祖《とほつおや》の智慧の深さには頭がさがる。世間の雑事に追ひ廻されて時間がないので、伝承されてゐる三百種の内、いまだ試作してないものが百種類以上もある。

それらは、すべて雑穀豉《ざつこくし》（豉とは大豆を主にして作るミソや納豆《なつとう》などのこと）であるが、作ってみなくても、その材料に依って、その味だけは見当がついてゐる。いづれにしても、どれもこれも、食膳にのせたら、妙味の深いものばかりで、先人の藝術の素晴しさを思ひあこがれる。

菽豆《しゆくづ》類《るゐ》

前講までは米、麦、小麦の三種類を糀に作り大豆と合はせる本格味噌を講述したが、その主材が、すべて大豆であった。それで、ミソは大豆以外には作れないと考へられるかも知れないが、味噌の主原料を大豆だけと考へたら、それは間違ひである。豆類であれば、どんな豆でも味噌の原料になる。

それらを総称して「菽豆類《しゆくづるゐ》」といふ。菽《しゆく》とは莢穀《けふこく》（さやに包まれた豆）のことだ。莢《さや》が茎《くき》に生《な》り附いて、下に垂《た》れ下《さが》った状態の形容を菽《しゆく》といふ。この莢豆類《さやまめるゐ》は、すべて味噌の原料にすることができるのである。

その種類をと云へば、

大豆　だいづ（まめ科）
黒大豆　くろまめ（〃）
黒豆蘖　くろまめもやし（〃）
黄大豆　しろまめ（〃）
赤小豆　あづき（〃）

白豆　しろあづき（しゃぼんまめ）
豌豆　ゐんだう（〃）
蠶豆　そらまめ（おたふくまめ）
豇豆　ささげ（〃）
鵲豆　ふぢまめ（いんげんまめ）

などで、これら十種は代表的な味噌の主原料で、いづれも高雅な個性と気味に富んだ原料である。

　このほかにも、まだまだ沢山の主原料があるが、それは後日によい機会があった時に講義することにする。

　ただし、右はあくまで主原料であって、この原料に直接に種麹《もやし》を作用させて、単身味噌は作ることを止《や》めたが良い。前講で述べたごとく、豆だけで作った味噌は貯蔵期間も一、二年を要するし、その味も悪い。

女麹《ちょぎく》と酒母《しゅも》

したがって、これに、米、麦、または「女麹《ちょぎく》」と称される小麦などで醸造された糀を合はせなければ、美味な味噌は出来ないのである。

　小麦麹に限らず、糀のことを、漢字渡来後に「女麹《ちょぎく》」と呼ぶやうになったが、女子すなはち、母体に依らなければ子は生れないといふ意味から、糀のことを女麹《ちょぎく》と呼ぶのである。

　麹《きく》といふ文字は麦と米とを合はせて作られ、その本体を表現されてあることも併せ知るべきである。

　また糀のことを、大麦麹、米麹、小麦麹、麪麹《べんぎく》（麦を粉末にした物をねって麹にしもの）などそのすべてを「酒母《しゅも》」といふ。

「麹《きく》」は米麦を包罨《はうあん》して（つつみ、おほひかぶせる意味）造るので、故にその文字は、米にしたがひ、麦にしたがひ、包にしたがふ省文の会意の文字である。酒は麹を用ゐねば出来ないものだから酒母《しゅも》といふ。と古書にある。

　また有名な書経には「若し酒醴《しゅれい》を作らば爾惟《なんじこ》れ麹《かうぢ》」ともある。現代は漢字制限だの、新カナだのと云って、ウソ八百を習はせて、日本文化を自滅させてゐるので、酒醴《しゅれい》などと読む、やさしい言葉でも、今の人には意味がわからないであらう。醴《れい》とは「あまざけ」のことである。一応は知っておいた方がよいだらう。

　この酒母の中に「麩皮麹《ふひきく》」といふ物がある。これも今の人には、ちんぷんかんぷんで、何のことか判るまい。「麩《ふ》」と

母念味噌の糀蒸し（蒸しにかかる直前，正味四斗水ぶくれして七斗を二せいろで蒸す）

は、麩《ふすま》であり、麩《こむぎかは》である。小麦を臼で粉にした渣皮《かすがは》のことで、その小麦粉の渣皮《かすがは》で造った麹のことを、「麩皮《ふひ》麹《きく》」と云ふのだ。

この麹は非常に良《よ》い威力があって、味噌には極めて良好である。また酒には極めて強いアルコール分を製醸することができる。

この「酒母《しゅも》」であり、「女麹《ぢょぎく》」である糀《かうぢ》がなかったら、「酒も味噌も造れない。したがって、味噌学に於ては、この「麹つくり」が不可欠の条件となる。

雪《き》花《ら》菜《ず》麹《かうぢ》

昔は麹造《かうぢつく》りに六十日も七十日も時日を要し

たが、現今《いま》は種麴が出来てゐるので、ほんの短時間で楽に造れる。そのことは前講で既に述べてあるので、よくお判りであらう。

ところで、この麴は、多種多様な材料を生かして、製麴《せいきく》することができる。これも、「やって見ただけしか判りゃせん」で、造って見ない限り理解は出来ないのである。

早い話が、あなた方は、豆腐屋に、豆腐買ひに行かれたことがあるだらう。また米屋に米買ひに行かれたこともあらう。

豆腐屋で「雪花菜《きらず》」を見かけられたこともあらう。「雪花《きら》菜《ず》」なんて知らないといふ人の方が多いかも知れない。東京などの都会地は人間の寄せ集め場所であるから人間も屑《くず》の集りだ。分けても都会の婦人や女子供ほど物識らずはない。だから、あるひは、キラズなんて、モノシラズのことか？　などと勘違ひなさって、「だますか」など、誤魔化す方もあるかも知れない。

「雪花菜《きらず》」は、東京などでは、「おから」「うのはな」などと呼ばないと知らないだらう。豆腐屋の店頭の隅などで残滓扱ひにされて空箱に投げこまれてある。豚屋や残飯屋が取り集めに来て、持ち帰って牛や豚の飼料にする。

気の利いた智慧のある婦人なら、これを十円ぐらゐ買って帰って、さまざまな気の利いた料理も作って、食膳をゆたかにするだけでなく、食生活を豊満なものにして、経済をも大にたすける。こんな滋養に富んだ物は少いのである。

またカロリーも強くて、便通を快適にする脂肪性が強い。いまいそがしくて、実験済のデーターを書き移してゐる時間がないが、科学的に説明しても優良な食料である。

まだ世間一般に知られてゐないし、学者も手をつけてゐないが、この「雪花菜《きらず》」が、味噌用の高級な麴《かうぢ》になるのである。私の家伝の中でも、この「雪花菜麴《きらずかうぢ》」は一種の秘伝になってゐた。公表したのは、私の代になってからである。

この「雪花菜麴《きらずかうぢ》」を、味噌に使へば、また奇妙な効果を発揮して、味噌体質の独特な物が出来上る。しかも、仕込んで半月ぐらゐで食べられるので、気短い性格の人には、持って来い、である。

単身味噌は不可

ところで早合点されては困る。大豆を主原料とするミソに豆腐の、しぼり渣である「雪花菜《うのはな》」で造った麴を合はせることは、同質の物を合一させることであるから、これだけなれば単身ミソが出来あがる。

前講で説明したやうに、大豆だけの単身ミソでも、いかにも秘伝でもあるかのごとく宣伝されて高く売られると、物を知らない人は値段さへ高ければ高級ミソかと勘違ひさせられて喜んでゐる。いくら喜んでも、単身味噌は単身であることは厳然たる真実である。

そこで、この「雪花菜《きらず》」に、たとへば、米の引割（粉米）

とか、または大麦、小麦粉などを半分混和させるのである。その混和原料で麹を造って大豆と調和《ミックス》させると、理想の「雪《き》花菜味噌《らずみそ》」が出来あがる。

糠《こめぬか》麹《かうぢ》

次は米屋に米買ひにゆかれたことがあらうと云ったが、それは、米買ひだけでなく、米のあとに残った糠《ぬか》のことを云はうとしたのだ。

ひとところの米糠にはベントナイトなど搗き砂《すな》が混ってゐたので不良であったが、いまは純糠であるから食品に応用しても心配がない。この米糠も米屋で買へば、喜んで安値で売ってくれる。この米糠で、すばらしい糖分性の強い麹を造ることが出来る。「糠麹《ぬかかうぢ》」はヂアスターゼが多量に包有されてゐるので、米その物の澱粉よりもカロリーやヂアスターゼが多い。

おそらく捨てられるやうに取り扱はれる、糖分のある糠を、何故にもっと利用しないかを考へたとき、矢張り先祖の代々には智慧があったのだと、つくづく頭がさがる思ひがする。ここに藝《うゑつけ》の術《ちゑ》が働いていることを知るのである。

この「糠麹《ぬかかうぢ》」を使って、あらゆる野菜類を塩漬にすると、すばらしく美味な漬物が出来上る。資本は只も同じくらゐな安い物だし、出来た物は上味なものとなるのであるから、造らぬ者が馬鹿《そん》といふことになる。

昭和29年仕込みの八丁みそ。ざるにたまった香の水を料理に使ふ

この糠麹は、鹿児島県のあちこちで造られてゐると聞いてゐるが、私は、その現場や、その味も知らない。

とも角、その着想と効果に、ただ驚くばかりであるが、自製の物の、その味でも感心してゐる。

宿《ゑ》酔《ひ》解《ざ》脱《め》

以上述べて来たことを、よく考へて、皆さんにも、何かヒントを得られたことと思ふが如何だらう。

私の家伝味噌に、「宿酔解脱」といふのがある。宿酔とは、御存知の「ふつかゑひ」である。解《げ》脱《だつ》とは、心内外のモヤモヤを一掃することだ。それでこれを「宿《ゑ》酔《ひ》解《ざ》脱《め》」と云ってゐる。

この名称も面白いが、事実において、二日酔で、頭がいたみ、胸の中《うち》が靄々《もやもや》して、「もう酒は止《や》めた」と思ひ、青い顔をしながら、この味噌汁を飲むと、奇妙に心が晴々《はればれ》しくなって、二、三十分経つと、けろりとして、また飲みたくなるのは、まことに不思議である。これは、味噌漬味噌としても、はなはだよろしい。その家伝を左に公表する。

味噌の造り方

一、雪花菜《きらず》　五合
一、米糠　五合

よく混ぜ合はせ、水に漬《つけ》て、すぐ笊《ざる》にあげて、しぼってから蒸籠《せいろう》で蒸す。二、三十分でよい。すぐ冷《さま》して、三十度程度にさめたら、種麹を小スプーンで半ばいほど充分に混和させて種付して、寝せ込む。前講の麹の寝せこみと同法。

出来あがったら、一升の煮大豆に三合塩を合はせて仕込む。二週間もたてば、味噌は出来上る。飲兵衛大将のダンナ様に差しあげて試してごらんなさい。

あなたがますます喜ばれ愛されることを保証します。要するに智慧をはたらかせば、味噌藝術は創作できるのである。なお、第十一講「宿酔解脱」と併せ読んでいただきたい。

味噌は醍《だい》醐《ご》味《み》なり

世間には料理学校を始め、各個人の料理の先生方が沢山ゐらっしゃる。中には大変に親しくお附合ひしている先生もゐらっしゃるが、ひっくるめて各先生方は、お料理はさすがにお上手と思ふ。それでゐて、さて味噌、漬物となると、さっぱり落第先生である。料理の基礎は味噌と漬物である。これを卒業して料理にはひるのが本当だが、その基本は除けておいて料理にはひるのであるから、何か歯が抜けてゐる。

味噌と漬物は、塩だけで全体の味を塩梅《あんばい》するのである。そこに大変な妙味がある。とてもこれが塩だけの味とは思へない物を作らねば本当に藝術された味噌、漬物とは云へない。

味噌つくり、漬物藝術が、料理の基本といふことは、前にも云ったやうに塩だけで五味を醸《かも》し出すので、それが自由自在に出来ない人が一足飛びに料理の先生になるのは、どうかと思ふ。

五味の味とは

五味とは、鹹《かん》、甘《かん》、辛《しん》、酸《さん》、苦《く》、を云ふ。(1)苦味《にがみ》を感ずる塩辛《しほから》い味を鹹と云ふ。(2)の甘《かん》は、同じ甘味でも、うまい、よろこびを舌が感ずる味で、あまいうまさをほのかに舌感する味である。(3)の辛《しん》は、からしや唐辛子の本性を表現した辛《から》さで、舌根をゆすぶり人間の生気を覚醒《かくせい》する味である。(4)の酸は、人体が引きしまって勢ひづく力をあたへ、舌を刺戟《しげき》する味である。(5)の苦は、苦《にが》い、心よい万物を鎮静《ちんせい》に導く気根の味を秘めてゐるものである。

以上を五味と云って、この五味が総調和したところを「塩《あん》梅《ばい》」の上等だと云はれてゐる。

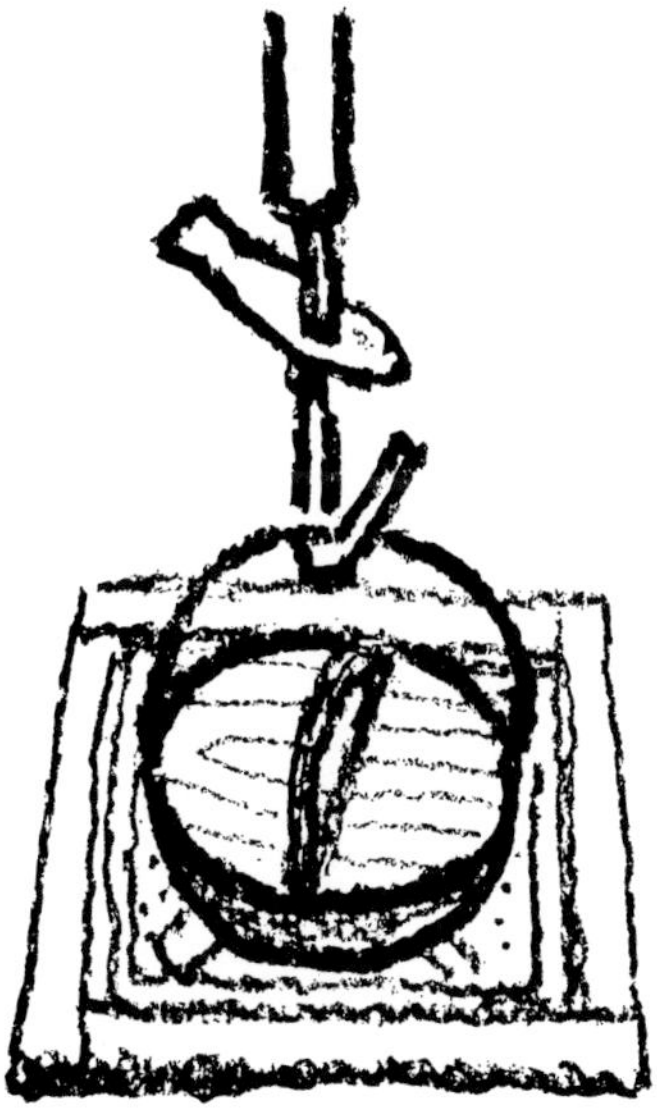

塩梅の至藝

昔から、お客に招かれたら、その家の味噌と漬物をほめてはいけない。主人公に大変失礼にあたることだと注意されたものだ。その理由は？　その家の女房の味をほめたことになる。私なら「茶の湯でも道具拝見があって、お世辞でも結構と云ふぢゃないか、それを味もほめない奴は叩き出してしまへ」といふことになる。ところが、昔の男性は随分エロ好みで洒落《しゃれ》てゐたと思ふ。味噌汁が、または味噌漬や漬物がうまかったので「ああ、うまかった」と云へば、そこの御亭主に「おい、お前の嬶《かかあ》の塩梅《あんばい》は、いい味だよ」と、一晩寝てみたやうなことになるので決して味噌や漬物をほめてはいけないといふのが昔の紳士の嗜みである。

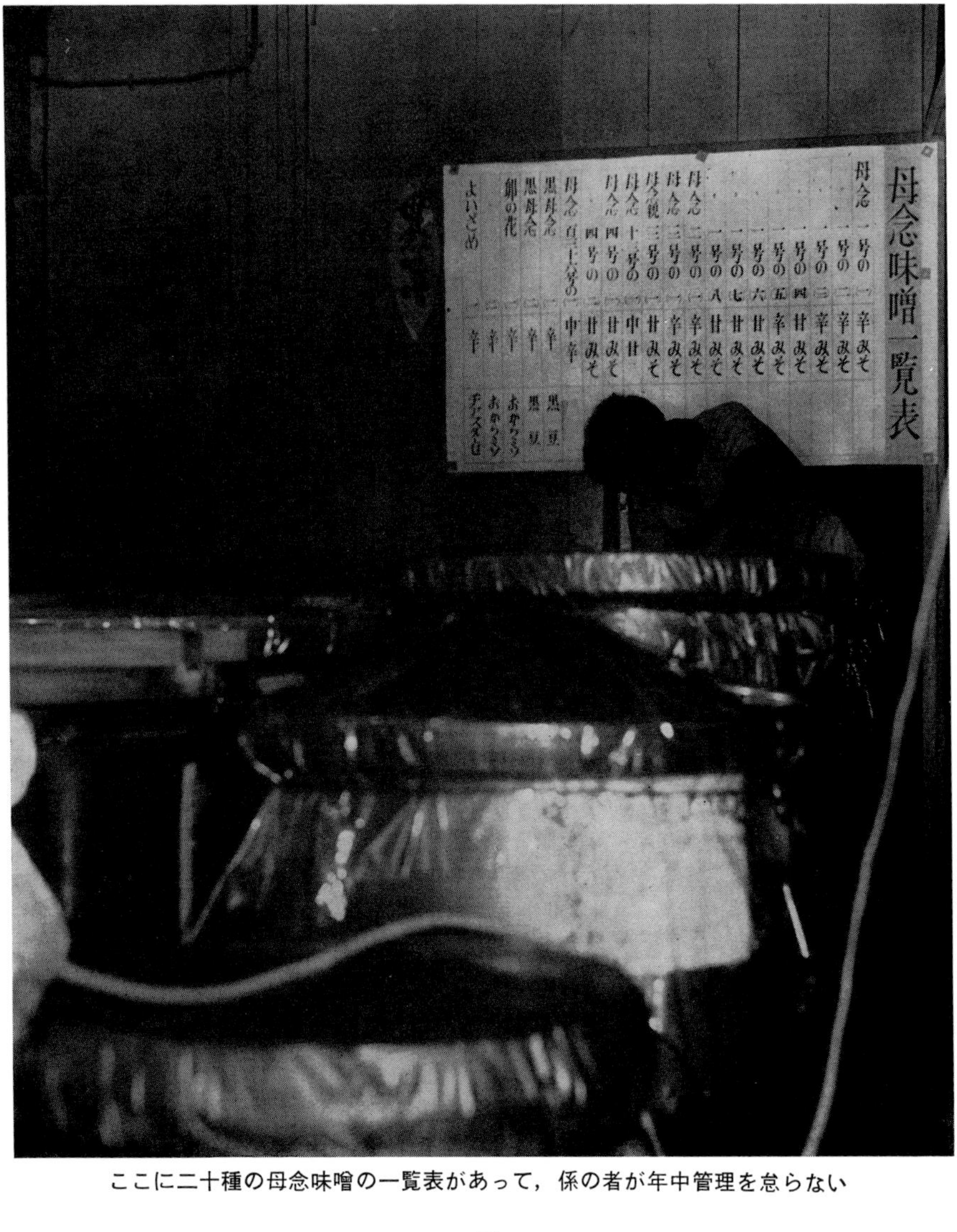

ここに二十種の母念味噌の一覧表があって，係の者が年中管理を怠らない

何で漬物や味噌が、その家の女房の味とつながるのか、これは表現が貧しい。だいたい力のとぼしい女どもに、澤庵や味噌づくりの力仕事は出来る筈がないのである。

七年前に亡くなった私の妻は、東京育ちであったから、味噌や漬物を一人前の主婦に仕立てやうと思って愛護して来たが、力仕事であるために疲れが早くて、つひに卒業できずに死んでしまった。一人生んだ娘も、口ばっかり達者で、東大を出た養子を貰ってやったら、東大を出た奴であるから全学連の先輩である。赤旗振りみたいで、さっぱり家業などには目を向けない。現在は支那料理の番頭をやってゐる。娘もそっちについて行って、これも朝晩の挨拶もしないで、亡母同様、溝漬《どぶづけ》も一人前にはつくれない。

ここで塩梅《あんばい》のことを解説するが、塩と梅を組合せて塩梅と云はれてゐる。料理は塩梅であるといふことだ。塩のことは、鹹《かん》、辛《しん》、甘《かん》、酸《さん》、苦《く》の五味で説明したが、五味にはもう一つ他の五味がある。その五味は印度仏教の「醍醐味《だいごみ》」のことである。即ち、乳、酪、生酥《しょうそ》、熟酥、醍醐の五つである。

これは五つとも、牛や羊の乳を精製したもので、これほどうまい物は他にないとされてゐるものである。その味はひは、仏教最上の真実教である、法華《ほっけ》、涅槃《ねはん》の味であるから、これを醍醐味といふ。それは修業も最高だとされてゐる。

この酥蜜《そみつ》が人命を救ったことを解説されてある観無量壽経のことを少し申し上げる。

印度の王舎大城の王様（天皇）を頻波娑羅王《びんばしゃらわう》、皇太子を阿《あ》闍世《じゃせ》と云った。悪友の提婆達多《だいばだった》にそそのかされて、父を七重の牢に入れて殺した上で自分が国王にならうとした。このとき、王妃韋提希《ゐだいけ》が裸になって、小麦で焼粉を作り、それを酥《そ》蜜《みつ》で練《ね》って身《からだ》に塗りつけ、冠につるした瓔珞《やうらく》の中に蒲桃《ぶだう》を盛って、番人を安心させて牢屋にはいった。国王は喜んで、国母夫人の裸身から小麦粉を嘗食《なめく》って、蜜を飲んだので、生気潑剌となった。そこへ釈尊のお弟子の大目犍連《だいもくけんれん》、目連尊者が神通力で牢内に現れて王に八戒を授け、十大弟子のお一人の富楼那《ふるな》尊者も法を説かれるので、王はすこぶる心身共に和悦になられて三週間をすごされた。

このとき、皇太子阿闍世が守門の者に「父は生きてゐるか？」と聞かれた。守門は「国母夫人が身に麨蜜《せうみつ》を塗って、瓔珞《やうらく》に漿《しる》を盛り持ちて陛下に上《すす》めるので、たいへんお元気であります。また、空から尊者方が人通力で宙を飛んで来られるので、とても防ぐことは出来ません」これを聞いた阿闍世はたいへんに怒って、「母は賊だ」と云はれて、皇后を殺さうとされた。

このとき、聡明な大臣月光と耆婆《ぎば》が、「剣を捨てて聞き給へ。われら臣、毗陀論経《びだろんきやう》に国位を貪《むさぼ》る王子が、その父を殺したもの劫初より一万八千もゐますが、未だに曾《か》つて無道に母を害した者は一人もありません。そんなことをしたら人民の貴族刹利《せつり》種を汚します。思ひとどまりなさい」と云って、

「あなたは四民の下の栴陀羅です」と怒って、剣の柄を按《おさ》へて卻行《うしろさま》にらみつけて退《さが》った。

皇太子が不利になって、母后を殺せなくなった皇太子は、母を「是賊」すなはち「これ賊なり」として、宮居の奥深くに閉ぢ込めて、幽閉してしまった。わが子に幽閉された韋提希は、愁憂憔悴《しうしやうすゐ》して、耆闍崛山《ぎしやくつせん》にむかって、釈迦牟尼《しやかむに》仏を礼拝し、謹みてお願ひ申しあげた。「世尊《せそん》、昔は恒《つね》に阿難尊者を来《きた》らしめられて、私を慰問して下さいました。私はいま悲しい憂《うれ》ひに沈んでゐます。世尊は威重《ゐちゆう》で、おがみ見るに由なし。願くば目連、阿難の両尊者をお貴《つかは》し下されて、私に相見《おがま》せたまへ」と願って、悲泣雨涙(悲しみの涙を雨のごとく)して、はるかの彼方に手を合はせ、釈尊を礼拝したてまつった。

そして、頭をさげてゐるとその時、耆闍崛山《ぎしやくつせん》の法華の会座にましました釈尊が、韋提希の念ずるところを知ろしめして、目連と阿難の両尊者に勅《おほ》せられて、釈尊も空を飛んで牢屋に光来された。

韋提希が耆闍崛山の釈尊を礼拝して、まだ頭を上げないうちに、そこへ両尊者の目連を左に、阿難を右に侍《はべ》らせられて牢内にはいって来られたので驚いておむかへした。外の虚空《こくう》には、帝釈《たいしやく》天王、梵天王、持国天王、増長天王、広目天王、多門天王が、天の華を雨ふらして御供養申し上げてゐた。

釈尊は、仏身を紫金の色に輝やかして百宝の蓮華にお坐りになってゐられた。韋提希は世尊を拝みたてまつり、自ら瓔《やう》珞《らく》を投げ捨てて、身を挙げて号泣され「宿世《むかし》に何の罪があって、私は阿闍世のやうな子を産んだのでありませう? また提婆達多のやうな阿闍世を唆《そそのか》すやうな者を佛陀の従兄弟《いとこ》に生れ合はされたのでございませう」と質問された。この質問に対して釈尊がその因縁を説かれる。このことは観無量壽経では説かれてゐないが、他の聖典で明かにされてあるので、ここに詳しく紹介しておく。

この国母夫人韋提希は、母殺しの皇太子となるやうな阿闍世をどうして産まねばならなかったか? この女性哀史は、今でもどこかで展開されてゐる。

人間の悩み

このことは昔も今も変ることのない人間の悩みである。私は色紙をよくたのまれる。その時はたいてい「少年老い易く学成り難し」と書くところを、「今日の少年、あすのぢぢばば」と書いてゐる。ほんとに「ぢぢばば」どころか、「明日にもくたばるぞ」である。時日は全く光陰矢のごとしである。依って人間は誰でも長生ですごしたい。自分はやがてくたばる。だから子供に世をゆづって自分のあとをつがせたいと思ふ。そして年を取ると子供をたよりにして死んでゆく。

中印度の摩掲陀《まかだ》国王の頻婆沙羅《びんばしやら》王も年はとったが子がないので、子供をほしいと思って愛する韋提希夫人に「子供をほしい。お前は産めないか」と催促が絶えなかった。夫人も何とか妊娠したいと思ったが妊娠しない。そこであらゆる国内の占師に占《うらな》はせてみた。名を知られた占師が「王には子が生れる。三年後に毗富羅山《びぶらせん》の仙人の寿命が切れて、韋提希夫人

が懐胎《くわいたい》する」と上奏した。天皇とも云ふべき王様は、さっそく毗富羅山の仙人を探し求めた。毗富羅山は摩掲陀国《まかだこく》の東方にそびゆる五山の最高峰である。ここで毗富羅仙人を探し出して、さっそく復命すると王は大変に喜んで、皇太子が今にも生れたかのやうに夢中になり、仙人が早く死んで早く生れろと頼みにやった。ところが仙人は「いや、三年待て」と云ったきりで相手にならない。家来の武士が、その復命をすると王は怒って「ばか者、おれは老人だ。三年も待てるか」と云って言葉上手にたのんで「早く死んでもらへ。云ふことを聞かなかったら、刃にかけて殺してしまへ」と命令した。ところが仙人は、王の言葉を聞いて「まだ、その時の来ない者を殺さしめる。もし自分が王の子に生れたならば、またかくの如くするであらう」と云って、毗富羅仙人は使者に殺されたのである。

かうした恐しいことのあった夜である。王宮の寝室で、韋提希夫人が王に向って、

「王よ、私はどうやら妊娠のやうであります」

老王は驚いて、

「でかした、でかした。国王の赤子が生れるか」

歓喜《よろこび》に踊らんばかりであった。王宮万歳である。

仙人虐殺を忘れた残忍な国王は、天の恵に感謝して、只その栄光を讃へて韋提希に讃辞をおくった。これがやがてわが身に振り戻ってくる恐るべき大悲劇の発端となってゐるとは夢にも知らなかった。人間の浅ましさである。

しかし国王は性急な性質であった。いよいよ仙人が皇子としてお生れになると知りながら、これをまた占師を呼ばれて、陰陽変化の原理に基いた神人交感の神秘により占を立てさせられた。陰陽師曰く、

「お生れになるのは女ではありませぬ」

国王は、

「さうか」と勅語されて、次の言葉をいらいらしながら待たれた。

「王様。男ではありますが、この皇子様は王を損ずるお方であります」

と申し上げた。国王は言下に勅語された。

「予の国土は悉く皇子の物だ。損を受けても予の畏《おそ》れるところではない」

勅語があった。しかし国王の内心は流石《さすが》に陰陽師の言葉が不安であった。同時に仙人が殺されたときに、

「もし私《わし》が王の子になって生れたなれば、またかくの如くするであらう」と云った断末魔の一言を思ひ出して生死の人世においては、かならず善因善果、悪因悪果の応報の的確であることを思ふと、気が急《あせ》り狂った。快々《あうあう》として十ヵ月、悶へ苦しみつづけた王は決心して、殿居も寝静まった丑三時《うしみつどき》に、国母を呼びおこされ、

「皇子の降誕は国を挙げての慶事であるが、陰陽師の神人の言葉が気になる。国を亡すやうな皇子は、今のうちに闇から闇へ葬って、予と妃と心を合はせて平和に事を治《をさ》めようではないか。誕生も迫ってゐるから、産所の高楼《たかどの》を建てるから、そこから下に産み落せば、必ず死ぬであらう」と云はれ、またも殺人の罪を企てる。

御殿には秘密のうちに高楼の産所が建てられた。

何回目かの陣痛があって妃殿下の出産日が来た。医師も助産婦も秘密を守るために近づけられず、皇室の女官が付添って、国母は高楼に登られ、天井裏にひそまれた。国王は、「決して人に承け取らせてはならぬ。大地に勢いよく産み落すのぢゃ」と勅令された。

まだ胞衣《えな》を冠ってゐた太子は胞衣も脱ぎ捨てて、生々しく呱々《ここ》の声と共に誕生されて、二百尺の空中から大地に産み落された。悲壮な太子のあとを追って国母韋提希は高楼からまろび降りてわが子を抱いた。太子は両手の小指を折っただけで生命は無事であった。まことに不思議であった。

国王はまたまた失敗である。太子は更に殺害されることなく、すこやかに育った。しかし生れない前から両親に怨みを抱いてゐたので、この太子の名を未生怨《みしやうをん》と云ひ、両手の小指をいためてゐるので、折指《せつし》太子といった。この名前は以上の因縁によって名づけられたもので、ここに因縁の恐しさというふことを吾々は知らねばならない。

以上の因縁は今更釈尊が頻婆娑羅《びんばしやら》と韋提希《ゐだいけ》御夫婦にお説きになるまでもなく、本人がすべて知りつくしてゐる因果応報であるから、言《ことば》も過去にもおほせがなかった。

ここから観無量寿経に戻る。

欣浄縁《ごんじやうえん》

それだけに国母陛下は、紫磨黄金の色に輝き弥《わた》って、百宝蓮華に坐りたまへる釈尊を見《をが》たてまつって、自らの瓔珞《やうらく》をかなぐり捨てられて、身を挙げて号泣《なきさけ》び、仏《みほとけ》に向って言《まう》さる。

「世尊、われ宿《むかし》、何の罪ありてか、この悪子《あくし》を生める。世尊、また何等の因縁ましましてか、提婆達多と共に眷属《けんぞく》たるや?」と訴へる。

ここのところを観経は、「白言世尊《びやくごんせそん》、我宿何罪《がしゆくがざい》、生此悪子《しやうしあくし》、世尊復有《せそんぶう》、我等因縁《がとういんえん》、与提婆達多《よだいばだつた》、共為眷族《ぐゐけんぞく》」とある。漢語経の棒読みでは何を云ってゐるのか、さっぱり珍糞漢で、王舎大城の宮中の大悲劇のクライマックスのところなどと云っても、聞く人にも読んでゐる坊さまにも意味はさっぱり解らない。

「びゃくごんせそん、がしゅくがざい、しゃうしあくし、せそんぶう、がとういんえん、よだいばだった、ぐゐけんぞく」非常に煮詰めた漢語であるから、名文である。二十九字で王舎城大悲劇を語られてある。ここまで国母はめそめそ泣いて世釈に訴へたが、釈尊は何も云はれない。

ここから欣浄縁《ごんじやうえん》にはいる。憂愁のどんぞこに落ちた国母韋提希は、

「お願ひです世尊、私のために広く憂悩なき処をお説き下さい。唯《それのみ》お願ひします。私は当《まさ》に往生します。私は印度や支那や日本などの閻浮提《えんぶだい》の濁悪世《ぢよくあくせ》は楽《ねが》ひません。こんな濁悪な地球《ところ》上には地獄、餓鬼、畜生が盈満《やうまん》して、不善の聚《ともがら》が多すぎます。私は未来に悪声《あくしやう》を聞かず、悪人を見たくありません。このやうに五体《ごたい》を地に投げて哀《いつくしみ》を求めて懺悔《さんげ》いたします。唯《それのみ》、願はくは仏日《ぶつにち》われに清浄《しやうじやう》の業処《ごつしよ》（みほとけのまします国、極楽のこと）を観《をがま》しむることを教へたまへ」とお願ひする。

このときである。これから母念寺管長訳、平易日本語訳観経でお取りつぎする。

そのとき世尊、眉間《みけん》の光を放ちたまふに、光金色《ひかりこんじき》にして、偏《あまね》く十方無量の世界を照し、還《かへ》りて仏の頂《いただき》に住《とどま》りて、金《こがね》の台《うてな》となる。世界の中央に輝きそびゆる須弥山《しゆみせん》の如し。十方諸仏の浄明《じやうみやう》の国土みなその金台《こんだい》の中において見る。或は国土あり、七宝をもって合成せり。また国土あり、純《もつぱ》らこれ蓮華なり。また国土あり、他化自在天《たけじざいてん》、第六天の宮殿の如し。また国土あり、玻璃《はり》鏡の如し。十方の国土みな中に於て現はる。是《かく》の如き等《ら》の無量の諸仏の国土あり、厳《おごそか》に顕《はつきり》として

観《みわ》けらるべし。韋提希をして、ことごとく見せしめたまふ。

この時に韋提希、釈迦牟尼仏に白《まう》して言《まう》さく、

「世尊、是の諸の仏土《みほとけのくに》は、まさに清浄にして、皆光明ありと雖《いへど》も、我いま極楽世界の阿弥陀仏の所《みもと》にうまれんと楽《ねが》ふ。唯《そればかり》、願はくば世尊、我に思惟《しゆゐ》を教へたまへ。我に正授《しやうじゆ》を教へたまへ」と。

顕行縁《けんぎやうえん》

母念寺平易訳の観無量壽経では、

「その時、世尊、すなはち微《かすか》に笑みたまふに、仏《みほとけ》の口《みくち》より五色の光出《あらは》れたまふ。一々の光、別の牢室に幽閉せらるる頻婆《びんば》娑羅《しやら》の頂《いただき》を照したまふ。そのとき大王、幽閉の牢にありと雖《いへど》も心眼《しんげん》さはりなくして遙《はるか》に世尊を見《をが》みたてまつりて、頭面《づめん》に礼《らい》を為《な》すに、自然に増進して四向四果の阿那含《あなごん》となれり」

とある。阿那含とは、小乗の修行証果のことで、ふたたび迷ひの世界に戻らぬ阿那含の位に就かれた。この証果を不還果と云って、人間道には元より、地獄道、餓鬼道、畜生道、阿修羅道、天上道の六つの世界には絶対に迷ひ込むことのない阿羅漢果に就かれた。この覚《さとり》に達しられたことは、やがて仏になることであれば、今わが子の復讎《ふくしふ》の牢獄につながれても、その苦しみを超然としてゐられる了《さとり》に達しられた。これもとより牢内で授けられた八戒の利益《りやく》によってである。

ときに国母夫人は女である。女は触法《そくはふ》（男女交合）の業《ごふ》によって、妊娠、出産、育児の天命を背負はねばならない。この触法の責任で、仙人殺しもしてゐないのに、国王に殺された仙人の未生怨《みしやうをん》を腹に宿して、これを生まねばならなかった。いかに女が子を産まねばならぬ運命に迷はされてゐるとしても、この必然の運命は、ただその触法に依ってである。それだけに韋提希の内面の苦悩はただごとでなかった。その苦悩を早く救ってやりたいと思はれる釈尊は、そのとき世尊、韋提希に問ひて告《おほ》せたまふ。

「汝、いま知れりや否や。阿弥陀仏は此《ここ》を去ること遠からず。汝まさに念《おもひ》を繫《か》けて諦《あきら》かに彼《か》の国の浄業《じやうごふ》を成《をは》りたまへるものを観《くわん》ずべし。我今《われいま》、汝の為に広く、諸《もろもろ》の譬《たとへ》を説かん」

とのべられて、極楽を親しく説かれるために韋提希に、

「諸仏如来《にょらい》に 異《ふかしぎ》の方便《てだて》ましませば、汝をして見ることを得さしめたまふ」

と。時に韋提希、仏《みほとけ》に白《まう》して言《まう》さく。

「世尊、私ごときもの、今仏《みほとけ》の仏力にあづかりて、極楽を見《をが》みたてまつる。若《も》し仏《みほとけ》、涅槃《ねはん》の雲にかくれたまひし後の、もろもろの衆生《しゆじやう》たち、また濁悪《ぢよくあく》不善なれば、生苦《しやうく》、老苦、病苦、死苦、それら、のちの衆生、いかにして阿弥陀仏《あみだぶつ》の極楽世界を見《をが》みたてまつるべきや」

と問ひたてまつる。さきほど、釈尊の眉間から放たれた光明で諸仏の国々や、安楽国の西方浄土ををがませてもらった。その中の安楽世界のもう死ぬことの絶対ないといふ弥陀

仏国にゆき度いと願ってゐる私は、お釈迦さまにお目にかかれたから極楽も見せていただいたけれど、もし、お釈迦さまが涅槃《ねはん》の雲にかくれられたら大変。それから後の衆生《ひとびと》は、どうすれば極楽を知ることが出来ませう？ と、たいへん心配されて釈尊にお尋ねになったのだ。

釈尊もこの韋提希夫人の質問を、

「たいへんよい問ひだ。未来の衆生に替《かは》って、皆を救ってやらうとする慈悲の心は尊い。韋提希よ、その問ひに私は答へよう。阿難よく聞いておいて、汝も未来の衆生のために、この仏語を宣説しなければならない」と、おほせられて、これから極楽を観《をが》む方法《てだて》を詳しくお説きになられる。

釈迦牟尼仏、阿難尊者ならびに韋提希に告げたまはく。

「諦《あきらか》に聴《き》き、諦《あきらか》に聴《さくり》て、善《よ》くこれを思念《しねん》せよ。如来いま未来世の一切衆生《いっさいしゆじやう》の煩悩《ぼんなう》の賊のために、害せられる者のために清浄の業《ごふ》を説かん。善いかな韋提希。こころよく此のことを問へり」

釈尊は韋提希の質問を心からおよろこびになられる。韋提希は自分の産んだ子のために、七重の牢獄に幽閉されて食物を絶たれ、餓死に迫られてゐる。いったん殺さうとしたほどの吾子であれば、未生怨《みしやうをん》として生れない前から、前生からの悪因縁の復讎《ふくしう》であるから、母は死なねばならない。それ故にふたたび人間として、迷ひの世から抜け出して、苦のない楽しみばかりの極楽へゆきたい。そればかりが願ひであるから、真剣必死で余命いくばくもない身を忘れて、釈尊の御化《ごけ》導《だう》にすがる。

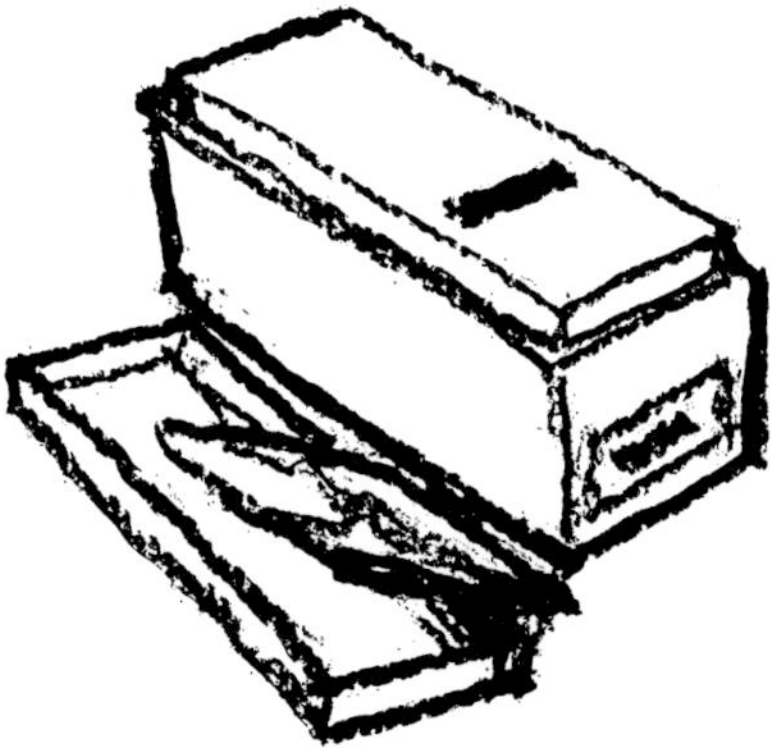

「阿難《あなん》よ、汝正に受持《じゆぢ》して広く衆生のためにこの仏《みほとけ》の語《ことば》を宣説《せんぜつ》すべし。如来はいま韋提希および、来世《のちのよ》の一切衆生のために、西方《さいはう》極楽世界を観ることを教へん。仏力《ぶつりき》をもっての故に、まさに彼の清浄《しやうじやう》の国土《ごくらく》を見《をがみ》みるを得ること、明鏡《みやうきやう》を執りて自《みづ》からの面像《かほ》を見るが如くなるべし。彼の極楽国土の極めて妙なる楽しき事がらを見《をが》み、心に歓《たの》み喜ぶが故に、その時に応じて、すなはち、極楽往生まちがひなき、無生《むしやう》法忍《ばふにん》を得るなり」

無生法忍といふのは、喜忍、悟忍、信忍と名づけられた位で、不生不滅の真如法性《しんにょはふしやう》を認知して、菩薩《ぼさつ》十階の第九位に達し極楽往《ゆ》き決定となられたことである。

釈迦如来、韋提希に告げたまはく。

「汝は凡夫なり。心の想《かんが》へ羸《いやし》く劣《やせほそ》りて、未だ天眼を得ざれば遠くを見ること能はざるなり。しかれども諸仏如来に異《ふしぎ》の方便《てだて》ましませば、汝をして見ることを得さしめたまふ」

時に韋提希、仏《みほとけ》に白《まう》して言《まう》さく。

「世尊、私ごときもの、今、仏の仏力《ぶつりき》にあづかりて、極楽を見《をが》たてまつる。若《も》し仏が涅槃《ねはん》の雲にかくれたまひし後のもろもろの衆生たちがまた濁悪不善なれば、生苦、老苦、病苦、死苦、受別離苦の五つの苦しみに逼められん。それらの、のちのちの衆生、云何《いか》にして阿弥陀仏の極楽世界を見《をが》たてまつるべきや」

と問ひたてまつる。

以上は経文の母念寺流の平易日本語訳を、そのままここに書き写しただけである。

以上でこの観無量壽経の成立した動機や因縁を皆さんがお知りになったことと思ふ。この韋提希夫人の質問がなかったら、釈尊は極楽観法もお説きにならなかったかも知れない。そこを韋提希夫人が、わが生みの子の太子阿闍世《あじゃせ》に幽閉されて、今や干し殺されようとしてゐる。その余命いくばくもない国母陛下が、その断末魔にのぞんで、自分だけではない、今後死んでゆく人々を一人のこらず極楽に案内してやらうと願った大慈悲の質問であった。これが動機となって、これから本当の極楽をお説きになるのであるが、漬物解説の前書としては少々ながくなったが、極楽を知りたいと思はれる方々は数多くゐられるので醍醐味解説のついでに附添へました。

心から極楽を知りたい方は日本に只一つの母念寺本に依って勉強されるように祈ります。

私は十一歳で出家した坊主ですが、お経も棒読みだけは一人前になったが、全体の経意を知ることが出来ずに大変なやみました。それで経意を師僧に尋ねても、そんなことはお経を読んでゐれば自然に解《わか》ると云はれるだけで、棒読み経の深意を人にをしへることも出来ませんでした。寺の不信心は昔からですが、私は修行によって、よい信心を人にもをしへ、自分も信じて極楽へ一途に往生したいと今も念じて、普通の人には意味の解《わか》らぬ珍糞漢《ちんぷんかん》の棒読み経を、誰にでも字を読める方々に、お経の意味を知って貰って、弥信仰を深めていただかうと思って浄土三部経の平易日本語訳を完成しました。この観無量壽経も、その中の二番目のお経です。私が小僧の時から苦心をつづけて、誰にも解るお経をと考へたことの実現の一つです。

御参考までに前記の平易日本語訳観無量壽経の定価と発行所をつけ加へておきます。

「佛説観無量壽経」一巻、定価一、五〇〇円　送料一〇〇円

発行所　東京都豊島区雑司ヶ谷一丁目二ノ十一、母念寺出版（振替東京一九四〇〇〇）

味噌大学

第六講

小麦味噌

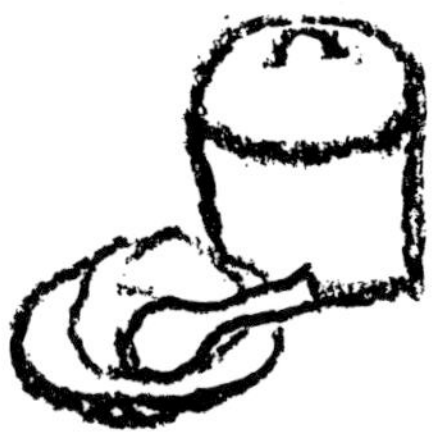

前講では、「小麦味噌」の別格味噌である「径山《きんざん》寺味噌」を講説した。これは普通の「小麦味噌」とは違うのである。
本講では、本来の小麦を説く。

単なる「小麦味噌」は、径山寺と違って、主材である大豆を炒《い》らないで、普通と同じに煮るのである。

大豆をよく煮て搗《つ》いて、それを塩で仕込んでおいて、その中へ小麦麹を入れて搗《つ》きまぜるのである。

大豆の煮かたや、搗きかたは、前に説明したとほりで、

(1)大豆を水漬けして、よくふくれたら、

(2)釜で、よく煮る。指でつまんで見てわけなくつぶれるまで。

(3)その煮た大豆は、搗いても、また搗かなくてもよい。搗いておくと、使ふときに粒がないので、楽に使へる。

(4)煮た大豆の仕込みには、煮汁を捨てないで仕込みに入れる。この煮汁は「アメ」と云って、滋養分を多量に含有してゐるし、味噌の味の素であるから、捨てたりしないで大切に取り扱はねばならない。

(5)仕込みといふことは、塩を大豆に仕込むことである。

(6)塩の分量は、大豆一升に対し、「早食ひ」は三合である。三合塩で仕込んだ物は、三十日後には食《た》べられる。

(7)四合塩にすれば、四ヵ月後でないと、やっと塩なれたころである。

(8)五合塩にすれば、約半年は寝せておかなければ、塩梅《あんばい》よい味噌の味が出ない。

(9)塩の量によって、永持ちの度合が違ってくる。塩の多いほど永い間の貯蔵が出来る。

(10)四合塩なら七年ぐらゐ大丈夫。五合塩なら十年は保持出来る。

(11)前講でも説明したが、塩には等塩と云って大豆の量と平

等までは使へる。すなはち大豆一升、塩一升が「等塩」である。等塩で仕込むと、三年は待たなければ食《た》べられない。

その代りに、たいへん塩辛いので、味噌を少し使ふことになるから、自然に節約できる。昔の人は、唐《から》（支那）をすぎると、天竺（印度）になるなどとしゃれを云って、等塩を表現したのである。

顕微鏡でみた小麦麴のバクテリアの活動状態

麴の合はせかた

次は麴である。小麦麴は、前講で造り方を説明したので、前講を読み直して貰ふことにして、ここでは再講を省くことにする。

(1)出来あがった小麦麴には、塩は入れない。

(2)小麦麴は、塩を合はせて仕込んである煮大豆の中に、そのまま搗《つ》き混《まぜ》る。

(3)この搗《つ》きまぜは、むらなく混合させる。麴は粒《かたまり》ができるから、粒はよく揉みつぶしてから搗《つ》きまぜる。

(4)搗《つ》き混《まぜ》が終ったら、表面は平にならす。

(5)平に表面をならしたら、その表面に広コンブを冠せ、押しぶたをして、その上に押石《おもし》をのせる。

その上はビニールを冠せ、ヒモでむすんで外菌の飛来侵入をふせぐ。

味噌漬の仕方

以上の麴合はせで、「小麦味噌」は仕込み終りである。前に説いたように、塩の量に応じて、蓋開け、つまり食べはじめはきまるのであるが、蓋をしたからと云って、そのままで三ヵ月や、四ヵ月を待つのではない。

月に二度くらいは、手入れ混合を繰り返すと、塩梅《あんばい》が良くなる。この中手入《なかてい》れは忘れてはならない。

この「小麦味噌」は、俗に、「味噌漬味噌」と云はれるほど、味噌漬に良いのである。

私も、味噌漬を造るために、折角にも仕込むのであるが、味噌漬は、いつ、味噌に入れたが良いかといふと、それは、味噌の仕込みと同時に入れると、その味が良くなる。ところが、「中手入」の時に、味噌を底から掻きまぜるので、そのときに少し邪魔《じゃま》になる。それだけのことを知ってゐて、最初から漬《つけ》込《こ》む時に、邪魔にならぬやうにしておくと良い味の物ができる。しかし云っておくが、一升程度の試作品には、沢山の味噌漬材料を漬込むことはできない。味噌の量が少ないので、沢山漬ると味噌の味がわるくなって、却って大失敗の原因となるので、味噌全量の三分の一ぐらゐが最大量である。

よい味噌漬をつくり度いと思ふ人は、最少でも一斗ぐらゐの大豆を煮ないと、理想的な味噌漬はつくれない。

一斗の大豆なら、麹と合はせて約四斗量の味噌ガメになるから、相当に楽しめる味噌漬もつくれる。

味噌漬の材料

味噌漬の材料と云へば、野菜類で漬られぬ物はないと云っても良い。

大豆麹と小麦麹。左側の四箱が大豆に直接麹菌を植えた溜香油用の麹，右側の上一箱は小麦麹

しかし、葉類の物は良くない。葉類を除いても数はあげられないほど沢山ある。私の家伝では、

(1)山牛蒡

(2)ゆず

(3)お種人蔘（これは高麗人蔘のことで、朝鮮人蔘である）

(4)唐辛子（実も葉も一緒にガーゼの袋に入れて漬け込む）

(5)種しゃうが（生薑）

(6)にがうり（これは甘《うま》い）

(7)山椒《さんしやう》（実と葉と共にガーゼの袋に入れて漬込む）

(8)雪花菜《きらず》（おから、うのはな、豆腐のしぼりかす）

世間の人は、雪花菜《きらず》など知らないだらう。このオカラに、カヤノ実、麻ノ実、ゴマなどを混ぜ、鍋で炒る。そのとき少量の唐辛子粉を振って、ガーゼの袋に結めて、味噌に入れる。あたたかい御飯《ごはん》には持って来いだし、酒のサカナには欠かせないものだ。味噌に入れて、五日目ごろが上味である。

(9)玉子（これは輪切りにして、鉢に盛る。私の家の秘伝品で、古いほど固くなる）

(10)豆腐

豆腐の味噌漬など、聞いたことも見たこともないであらう。特殊な家伝があるので誰でも作れる物ではない。

(9)の玉子の味噌漬と同じく、私の亡母の置土産であるから、「母念豆腐《もねんどうふ》」と私が名をつけた。母を想ひ出しては報恩の念をかき立てられる味噌漬である。

元来、豆腐は大豆であるから、大豆が主材である味噌に漬けると、中和作用を起して、豆腐が溶けてしまふのが本質である。それを逆に、味噌の中で固まらせるところが秘伝である。

農林省の博士がたが、首をかしげ、不思議がって、私の口を割らせようとするのが、この豆腐の味噌漬の秘伝である。

私は、味噌は藝術であることを再々説いたが、藝《うゑつけ》の術《ちゑ》とはこのことである。私は、その術《ちゑ》を母から藝《うゑつけ》されたので、あとは誰に承けつがせやうかと考へてゐる。

右に記《しる》した(10)の内、玉子と豆腐と、雪花菜《きらず》と、お種人蔘の四種は、私の家伝の物で、全く独特の物である。またユズも珍品である。

しかし味噌漬として公開したのであるから、折角、ためして見られるが良い。ユズなどは、食欲をそそる物だし、たべたあとの舌の爽快さは、口臭などある人にはまたとない妙薬である。

この爽やかにして、こころ良いといふことは、食品学の定義である。料理を習ひ、またをしへる人々には、その心が薄いやうである。そこらの食料品店のエビだのカマボコだのを買ひ集めて、容器に盛って、カラー写真に写せば、なるほど見た目には楽しいかも知れないが、そんな物で人を誤魔化すのは罪である。料理の本質であり、定義である「味の学問」はその個性の尊厳と美味であることを忘れてはならない。

三枚の箕《み》の中が小麦麹。箱の中で割ってゐるのは大豆に麹菌をしこんだもの

豊太閤《たいかふ》でさへ

私は料理の先生方にいつもいふ。料理学校の生徒が、先生と同一の味の物を作るなら、それは料理ではなくて、「ニセ物」である。

先生は一人。

生徒は大勢。

その大勢が、一人の先生と同じ味の物を作るなら、まさしくニセ物学校の生徒である。

近ごろの方々は、バターやチーズや油いためでないと料理でないかのごとく、手っ取り早い同一コースのことしか知らない。もう少し、藝術したら良からうにと思って、料理学校などで、私は歯にきぬを着せずに説くのである。

人間の指紋は、百億万人が百億万人、みな違ふ。同時に、その個々が、すべて別人であり、同一人といふことはない。

したがって、料理も、その個々の味が個性を生かしてゐなければ何かのニセ物である。

第二講の、手前味噌のつくり方の時にも述べたが、手前味噌といふのは、台所を司る主婦のことでなく、その家の主人《あるじ》のことだ。

昔はその俸禄の支給額に応じて、味噌を作

り、漬物も漬けさせられたのである。

豊臣秀吉が、天皇さまをお迎へして、味噌漬で、お湯漬を差しあげた献立のことは古書にのってゐる。

豊太閤でさへ、味噌に気を入れて、大に自信の手前味噌の極致である味噌漬を差しあげてゐる。

この味噌の味は、他家から貰って来た物では、当主の面目は丸つぶれであったのだ。

そこで、その家に味噌倉があり、漬物倉があってこそ、その家の主人《あるじ》であり得たのであるが、その個々の当主が、吾家の味噌こそは美味《うま》いぞ、と自信満々でお客に食《た》べさせたのであるから、個々の主の味は別々である。これが本当の藝術である。

今のやうに、そこらで速醸味噌を買って来なければ、味噌らしい物も知らない時勢では、およそ、舌も、味もあった物ではない。そんな亭主の頭の中も空っぽに決ってゐる。

小麦味噌の食べ方

小麦味噌の味は、やはらでなく、おごそか、と云はれてゐる。「和でなく敏」であるといふ味である。もったい振ったツンとした味のことだ。

小麦の皮が最後まで残るので、皮の舌にあたる感じがいやであれば、味噌こしでこして使ふがよい。それは味噌汁の場合である。

和物などには、そのままの方がよい。また胡瓜やセロリなどに添へるときも、そのままの方がよい。

味噌汁の場合も、皮をこさない方が、その味がわるくないので、そのままのを食《た》べるのが通《つう》である。

和物でも、酢《す》を使う場合はことさら皮入りのままの方が良い。鯛や鯵《あぢ》などの魚類を味噌漬に（短時間）するときも、そのままに漬けて焼く方がよい。

牛や豚を味噌漬にして置いて、焼く場合も、煮る場合もコシ味噌でない方がよい。

猪《ゐのしし》も同様。猪の味噌漬は、しかも小麦味噌に漬た物が、はなはだ良い物である。

味噌大学

第七講

アメリカ味噌

昭和三十九年の六月二日に、味噌菌にかけては、世界的の大学者である松本農学博士が、わざわざ来宅されて、来訪の真意を語られ、拙作の母念味噌《もねんみそ》五種類を資料にしたいと云はれ、持って帰られた。

その真意といふのは、

一、市販されてゐる味噌は、真の味噌ではない。

一、この市販精神の現状をつづけてゆけば、間もなく味噌の生命が、亡び去る。

一、いま市販されてゐる味噌を、一般大衆に、「これがミソだ」と舌におぼえ込ませることの恐しさを思ふと、迚《とて》もだまって居られない。

一、真の味噌をつくるためには、もう少し時間をかけ、丹念に藝術的に科学されねばならない。

一、市販味噌製造業者は、大豆の大量生産地であるアメリカで、いま、味噌の研究が盛んに行はれてゐることを知らない。いまにアメリカで真の味噌が製造され、日本に押し寄せて来られたら、父祖伝来の日本味噌は日本から消滅する。今こそ、偽味噌ばかり、大衆におしつけてゐないで、真の味噌らしい味噌を作らねばならないときだ。

一、いま市販されてゐるミソは、どれもこれも真似もので、個性のある味噌はどこにもなくなった。

一、地方味噌も、東京の嘘味噌の真似味噌になってしまって、独特の味をもってゐる物はまったくない。地方色を失って、自慢の特質を失ってしまった。

等々の御意見であった。松本博士は、日本全国の味噌製造業者の二つの組合の中心指導者である。それだけに、味噌の堕落についてはだれよりも心痛してゐられる。

大蔵省の醸造試験場の長でゐられたころでも、酒よりも味噌について骨を折られてきただけに、昨今の味噌について、今後を心配されて、真の味噌を業者に見せると云って、拙作の味噌を持ってゆかれたのである。

業者も主婦も

私は、前講で、味噌豆を作る大豆について述べたが、そこで、アメリカ大豆は、もっとも質が悪くて、使っても満足な味噌は作れないと述べた。私の経験では、正にその通りである。

ところが、松本博士によると、それも産地に依っては、なかなか良質の大豆もあるので、それらの良質大豆を使って、大量生産に乗り出されたら、日本のメーカーは、この大敵に勝つことは出来ない。と、憂《うれ》ひを心にきざまれてゐるのである。それにしても、日本にはじめから、固有の味噌として伝

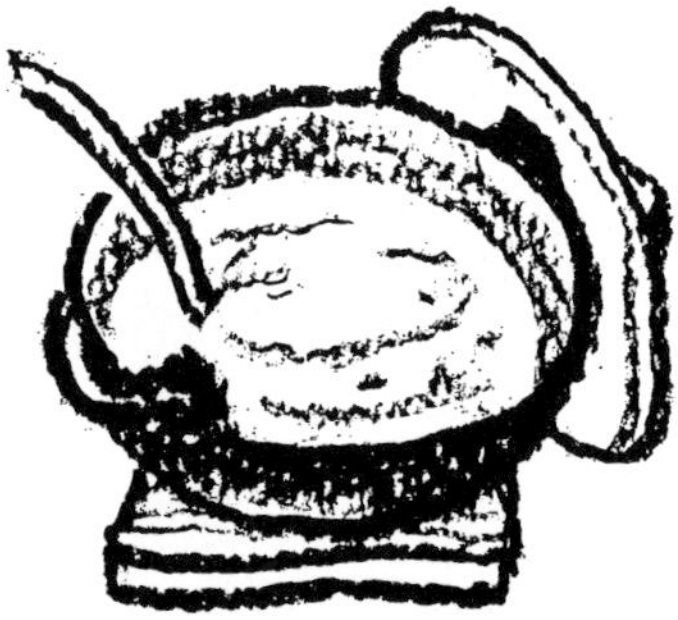

承されてきた物が、大東亜戦争の敗戦によって、敵方のアメリカに、日本味噌の特徴を知られ、その便利で美味で栄養価の高いことを読み取られ、お株を奪はれるといふことは、日本の生産者は勿論のこと、日本人としての、その食生活を受持つ筈の主婦も、大に責任を感じなければならない。

最近、外地で生活してゐる日本人から私はよく手紙をもらふ。主人がミソを食ひたがるので――という理由が一番に多い。それで郷里の親たちから送って貰ってゐる。ついては自分でも作ってみたいが、やさしい作りかたを、をしへてもらひたい――などなどの手紙である。

それで私が常に思ふことは、今の女はダメだなあ。といふことである。味噌も作れないで、よくも嫁入りして子供だけは作れるものだと寒心する。「味噌なんか買へばいい」のであらう。その買ひ味噌が味噌でない味噌類似品とあっては、真の味噌など知らずに死んでしまふのである。

かういふ時代に、アメリカ渡りの信州味噌などが、横浜や東京港に陸揚げされて、店頭で売られるとなれば、それら部類のお母様《ママ》方は、われ先にと、アメリカ味噌に飛びつくであらう。「これケンタッキーよ」などとやられたらたまらない。

味噌は心で作る

昔から、仙台味噌、信州味噌、越後味噌などと呼んで、その地方々々の独特の風味をもった物が食料品店で売られ、各自の味を楽しませて呉れたが、今や、それらの物は全くないのである。どこの品物も、すべてが統一された統制品のやうに、味も、そっけもない物になってしまってゐる。

前にも述べたやうに、味噌は、あくまで手前味噌でなければ、味噌とは云へないのである。自分が作れもしないで、買って来た味噌に味の素など入れて沸らかしたミソ汁など食はされる亭主は、これも味噌知らずで、あ

糀菌や乳酸菌，雑菌を独特の撮影方法で検査する（藤野博士指導）

の世に消滅してゆくまでのことである。

私は大正十五年の三月一日に東京朝日新聞に入社した。社会部の事件記者であったから大変にいそがしかった。その、いそがしかったといふことは、いまの事件記者などに想像もつく始末ではなかった。いまは労働基準法などができて、それをよい幸にしてゐる記者どもに、こんなことを云っても理解できない。私は、月給のことなど考へずに、ただ事件を追ひかけることのみを天性と心得て、年間平均、一日十二時間以上も働きつづけた。

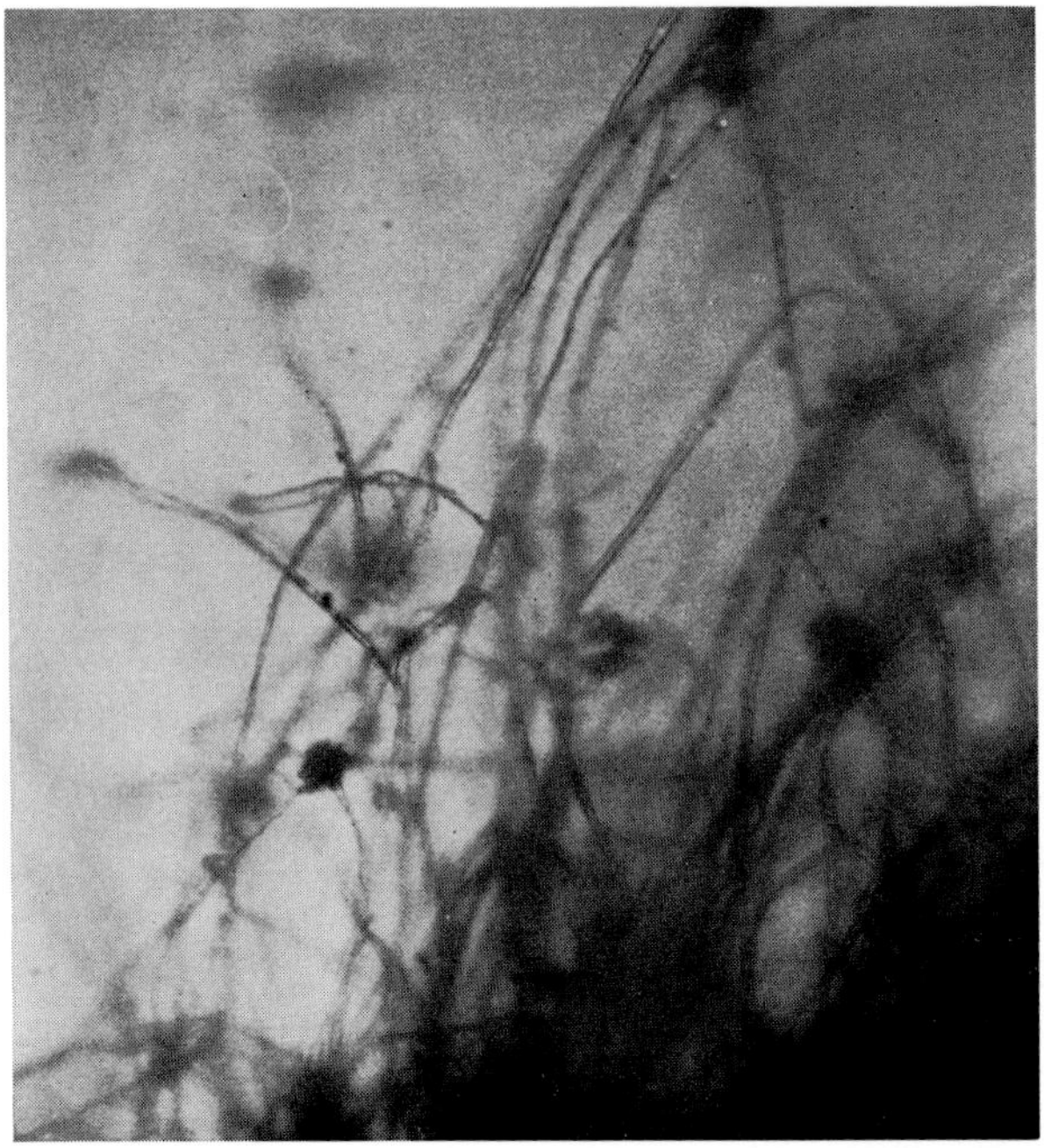

味噌麹の顕微鏡写真（タンポポのように見えるのはバクテリアの活動状況）

去年であったか、テレビの事件記者を一度見て、あんな呑み食ひに時間をつぶしてゐる三文記者にもない生活は、どこの国の話だろ？　あれでも大衆は喜んで見てゐるのかと、実に馬鹿々々しく思った。事件記者の真実は、あんな、ふざけた始末ではないのだ。夜の二時に帰宅するのは早い方であった。それでも私は社を休んだことは一回もない。朝の十時から、朝の三時、四時までの働きづめであった。だいたい十七時間ぐらゐは珍しい事ではなかった。

社会部長の鈴木文史朗氏から、「きみそんなにやらなくたっていいんだよ」と数回云はれた。しかし、一つの殺人事件や、強盗事件などにぶっつかると、自然にさういふ始末になるのである。命令で飛び回るのは、馬鹿な会社員か何かで、新聞記者ともなれば、命令などされて、飛び廻るのなら、事件記者の資格なしである。事件記者といふのは、警視庁ならびに管下警察の担当記者のことだ。この仕事は、社会部の心臓部であるから、実に骨が折れるのである。

さういふ最中においても、私は味噌を作ってゐたし、漬物も漬《つけ》てゐた。だからやる気があれば、たかの知れた味噌つくりぐらゐは訳なく出来るのである。出先からだって、家にゐる者に電話でさしづ出来るのである。

三十七年もの

去る六月十二日の土曜日から、第三倉庫の樽掃除を十六日までかかって終った。第三倉庫と云っても、車庫兼倉庫で、自動車が二台あった時代は専門車庫であったが、一台乗りつぶしてから、その分を「味噌藏」にしたのである。そこに何程積み重ねてあるかも不明であったので、確認のためにもと思って、私が陣頭指揮で整理した。

「仕込み塩」材料を吟味して塩をはかる

瓶《かめ》が六十三本、樽が四十三本、計百六本であった。種訳は、漬物が三十三種、味噌七十三種が出て来た。

漬物のことは、ここでは、はぶくが、味噌漬だけは述べておく。一番大量に出て来た味噌漬は「柚《ゆ》子《ず》」の味噌漬である。次は、「百菜《ももな》詰《づめ》」である。これは白瓜の腹を出して、中に、さまざまな内容を詰め込んだ物で、手数のかかる漬物である。第三番目は「唐辛子《とうがらし》」である。第四番目は、「山椒《さんしょ》粒《つぶ》」で、第五番目は、

「苦瓜《にがうり》」である。その他の物の中では、赤ん坊の頭より大きい、「化茄子《ばけなす》」も出てきた。この化茄子《ばけなす》は、誰が見ても、ちょっと珍しい大物だが、漬《つけ》た年代を見たところ、何と、昭和三年漬である。

昭和三年と云へば、私の一人娘の寛子《ひろ》が生れた年で、私の二十六歳の秋になるから、すでに三十七年前の作品である。私が、まことに若かった青年時代の作品だ。そのとき、うぶ湯を沸《わ》かしてやった赤ん坊は、もう二人の娘の母親になって舞踊と亭主と子供に夢中で、すっかり、親など忘れはて、をしへ込んである味噌など見向きもしない。食ふことだけは人後に落ちなくても、作ることは、もう忘れてゐるらしい。

真の藝術味噌

それはそれとしてである。いったい、味噌漬の三十七年物が現存してゐるといふ真実を理解できる味噌製造業者がゐるであらうか。全くゐないのである。味噌製造業者であっても、味噌の生命を知ってゐる業者は、この講義を読むまでは、まったく知る筈がないのである。

味噌製造業者で、二年物〔発酵途中の単身（大豆）味噌を除く〕以上の味噌を貯蔵してゐる業者がもしも居るとすれば、その現品を拝見したいし、その味を知らせてほしいのである。

私も、味噌の、「真の寿命」については、まだ知らない。しかし、私の実験科学において、三十七年間は確実に現存し、今後も何年か生命のあることは、この事実に依って立証できた。実際に実行してみたから判ったのであって、これを、ミソは三十七年間は、たしかに寿命がありますよ——と云っても、その実体を、そこに持ってゐなければ、次々と酵母菌が生死をくり返す寿命がいつまで続くか、真実の証明は出来ない。

この点は、私だからこそ云へるのであって、他にこれを語り得る人はゐないのである。そこで、その味も決して落ちてゐない。味噌菌は活動をつづけてゐる。

この味噌菌が死んだら、味噌は腐《くさ》るのである。腐るといふことは、味噌菌が、他の雑菌に食はれてしまふことの立証である。

味噌菌が、どうして、そんなにながく生きてゐるのであらうか。ここに学問の盲点が伏在してゐる。学者が、それを勉強してみたいと思っても、そんな古い味噌がないのである。

このやうに生命のながい味噌を、どうしたら作れるのであらうか。このことは次回に講述したいと思ふ。要は、「藝術されてゐるから」の一語に尽きることだ。この長年《ながねん》味噌は、「母念一三五号」といふ、私の家の家伝の味噌である。

味噌大学

第八講

農家味噌

いま私は、秩父の祇園精舎《ぎをんしやうじや》に滞在して、みかん園の経営に一心不乱である。秩父連山の南端に位する所で、正確にいふと、埼玉県入間郡毛呂山町字桂木といふ山の中である。

桂木といふ所は、いまだ世間によく知られてゐない柚《ゆず》の名産地である。毛呂町と合併するまでは山根村と云って、先祖の植えた古木を守って、柚を売りつつ桂木部落は生きつづけてゐるのである。

この土地の地質を、はじめて見たときに、私はこの地質はミカンに好適な秩父古成層であることを知って、(何故にミカンを植付けないのであらうか?)と不思議に思った。

いまから十五、六年も前のことだが、農学畑の先生がたが、東京ではミカンは出来ない。木は育っても実が生《な》らない。と結論されてゐた。

私は、いくら農学博士の云はれることでも信用しなかった。それなら、俺が生《な》らせて見せよう。と断言して、九州の大分の津久見から、接木してある二年目の苗を十本取り寄せた。「来年は生《な》りますよ」といふ伝言を信じて、(見て居れ)とばかりに来年を待ったが、その来年は来たが一粒もミカンは結実しなかった。

そこで、大いに考えた。いろいろとミカンの風土や地質を考へてゐるうちに、東京の土である武蔵野の地質に植付けしては駄目だとわかった。そこで尺五寸の植木鉢に移して、屋上に上げたところ、みごとに成功した。

それは土作りに成功したので結実させることに成功したのである。直径三寸二分から、二寸五分より小さいものはない。市販されてゐるミカンにおとる物ではない。一本の植木鉢の木に三十から五十個以上も生《な》った。

その鉢植ミカンの一鉢は展観場に並べて展示する価値も充分にある。玄関にかざって置いたら、相当な紳士が、玄関番にとめられても、「いいんだよ俺は」などと云って、笑ひながら盗んでポケットに入れてゆく。

知ったか振ったことを云ひたがる御仁がつくづく見惚れて、「やっぱり上昇気流がいいんだ。さうだよ」と自問自答してゆく。屋上で作ったので、上昇気流といふたのだらう。そのくせに、秘密の培養土の作りかたに気づいて、その質問をした人は一人もゐない。

要は土である。その理想の土を見つけていま植付けをいそいでゐる次第だ。この五月に、静岡の清水から取り寄せた三年目の苗に、既に十九本結実させてゐる。

これも送り主から、「来年は生らせて下さい」と云はれたが、既に今年から生らせた。この調子だと、ここ桂木全山をミカン山にするのも、ここ二、三年だと思ってゐる。

都会の真似

そんな訳で、毎日大勢の人たちに手伝ってもらってゐるが、その働きに来る土地の女の人たちと、話し合う時間にめぐまれる。

たいてい主婦の人たちで、四十以上の人が多いので味噌や漬物の話がよく出る。しかし、私が知りたいと思ふことについては相手がさっぱり知らないので、私の方が聞かれるだけである。それについて、つくづく思はされることは、もはや農村にも、味噌や漬物はなくなったと思はされることである。それほどに、農村も昔ほど味噌や漬物に情熱がないといふことになる。

この辺は東京に接近してゐるので、都会の真似をすることが文化生活であるとでも思ってゐるのか、米や麦を生産してゐながら、その材料を出して専門の味噌業者に味噌を作ってもらって、それを食って生きてゐるので、独特の味噌の味など知らないのである。したがって、手前味噌など語る資格も教養もないから、ただ黙ってゐるのである。

中には自家製の味噌を食ってる人もあるが、さういふ家は、経済的にも満足してゐる家庭で、さういふ主婦たちは、農家で味噌を買ってゐたら、迚《とて》もやり切れません。と云ってゐる。

母《も》念《ねん》の意味

前講で、母念一三五《いちさんご》号を述べると約束したが、私の家に伝はる味噌は、すべて母から私が伝授を受けたので、その意味を表現して「母念《もねん》」と名称してゐるのである。母念《もねん》のモは、呉音である。母といふ文字は、漢音ではボウと発音するが、世間一般では、ボと発音してゐる。

これは慣用音で、正しく発音すればボウである。母という字の意味は、「をんなおや」のことで、「たらちね」と云って、父親の対である。そして、この「たらちね」は「もと」のことで、物の生ずる木《もと》となるものの意味である。また、こ

大豆に直接麹菌を種つけしたもの，八丁味噌の仕込材料

の意味を元金《もとがね》とも云って、利息の対とされてゐる。ここに母の尊厳がひびきわたってゐる。

私は幼少のころ父を失ったので、母の手ひとつで育ったから、いみじくも母を忘れることができない。

今でも母ほど尊いものは、この世にはなかったと感恩しながら、味噌蔵《ぐら》で喉にこみ上がってくる念《おも》ひに涙ぐむのである。この念《おも》ひは一すぢに「母念《もねん》」である。（ほんとに良いことを、をしへのこしてくれた）と念《おも》はせて貰ふこと、それ、そのままが母念《もねん》である。

私は十一歳で出家するまでは、母の乳房に抱きついて寝てゐた。それほどに五つ六つのときから、味噌豆を煮る火たきをさせられたので味噌は生まれつき大すきである。出家してからも、世帯を持ってからも、母は足をはこんで、をしへることを忘れなかった。

その母の味は、すべて、をしへのこされた味噌や漬物にのこってゐる。かかる意味から私の家の味噌を「母念味噌《もねんみそ》」と呼称してゐるのである。

原料の順位

母念一三五号といふのは、百三十五号のやうに思はれるかも知れないが、これは、イチサンゴ号といふのである。

してゐなくては落第である。漬物や味噌は，主人が常に見廻って管理

イチの一は麦のことである。サンの三は米のことだ。またゴの五は、半搗玄米のことだ。五は十に対する半分の意味で、半搗米のことである。

ここで、私の家の味噌の作り方の順位をいふと、

一は麦。大麦もハダカ麦も同じ。

二は小麦。

三は米。

四は玄米。

五は糠。（もみぬかでない、こめぬかのこと）

六は麸《ふすま》。（小麦から、小麦粉をとったかす）

七は雪花菜《うのはな》。（豆腐のしぼりかす）となってゐる。このほかにも、雑穀類の順位もきめてあるが、それは後の機会にゆづることにする。

このやうに、何でも味噌になるが、その中で、世間一般では、米味噌が上味噌と考へられてゐるが、それは物を知らないからで、味噌材料では、米は、それほど高級な原料ではない。味噌は麦味噌が最高である。

味噌や漬物類は，いつ誰に見られても良いやうに整然とを監督しなければいけない

混合仕込み

母念一三五《いちさんご》号は、右のとほり、麦と米と玄米の半搗とを原料にするのであるから、ミックス味噌の最高級品で、いかなる所にもない良い味の味噌である。

割合は、

米一、麦一、玄米半搗半量である。米と麦が一升づつなら、玄米の半搗は五合の割合である。この三つを合はせた二升五合を混合にして、蒸して、これに麹菌を作用させ、麹を作って、大豆と合はせて仕込む。

この場合の塩の割合は、二合塩、三合塩、四合塩と、その目的に依って、その塩の分量が違ふ。

前講で約束したやうに、十年経っても、その味を保持させるのが目的なれば、四合塩でないと長年保存はむつかしい。

塩の割合であるが、このことは、前にも、述べたとほり、大豆に対しての割合である。つまり、味噌の主原料は大豆であるから、大豆一升に対して、塩四合のことを四合塩といふのである。

重ねて説明しておくが、麹に対する塩の量といふことは味噌では云はないのである。麹は、あくまで媒介原料であり、添加材であるから、主体の大豆に対して塩の分量がきまるのである。

あまみ原料

右の原料の中で、玄米の半搗を混和させるのは、味噌の甘《あま》味を増すことが目的である。

麦も米も、それぞれに糖分を含有してゐるが、その点では玄米が最高である。この玄米は、玄米そのままでも良いのであるが、玄米そのままでは菌のハゼ込みがよくないので半搗にするのである。半搗にすると、あま味が多く出るからでもある。


また、右の製法は、米と麦とを別々に麹に仕込むのも良いが、混合してから仕込むと、一度に製麹《せいきく》できるので、原料で混合するのである。別々に糀にしたものを、合はせるのと同じことではあるが、出来あがり、つまり味噌になってから、混合原料の製麹の方が、上味である。

以上のやうなミックス味噌は出来上がり味噌のミックスよりも、はるかに個性が複雑であるから、舌のしっかりした人なら、一度食ったら、他の味噌は、何だか味噌カスのやうな味がするのである。

半搗米には滋養が多分に含まれてゐるが、これを味噌にしてみて、そのあまみの強さによって、なるほどと思はれる。

それかと云って、玄米の半搗米と大豆だけで仕込んだ味噌は、それほどにあまみが強いとは云へない。

一三五の風味は、麦と米との調和が程よく生成されるので、この仕込方法は、長年保存には何よりの調合である。

三合塩味噌は、早くたべるには適当だが、長年保存には向かないから知ってゐて貰ひたい。朝日新聞の婦人学級で味噌藝術の講演をしたら、あとで聴講者から、本講を読んで三合塩の味噌を作って、友だちにも分けて大変よろこばれてゐると二人の奥さんから礼を云はれた。

嬉しく思ったが、その奥さんたちにも、三合塩は早くたべ終らないと酸味が出るから、なるたけ、四合塩が良いと説明しておいた。為念

モチ米糀のこと

寒い冬の夜、甘酒を一ぱい飲んで温《ぬく》もって寝たいと思ふとき、甘酒を作ってあれば、すぐ沸《わか》すことができるが、それには甘酒糀を作っておかねばならぬ。甘酒麹は、やはりモチ米糀がよい。モチ米糀は漬物に応用しても味のよいものを漬られるので、是非作っておいた方が良い。

味噌大学

第九講

クマクス味噌

熊奇《くまくす》の理由

味噌五十八種類。これは私の家伝味噌の種類である。この家伝味噌を総称して、「母《も》念《ねん》味噌」と名称してゐることは、既に述べたとほりである。

この中に「黒味噌」といふのがある。はなはだ黒いので「黒味噌」といふのではない。その主材が黒豆であるから黒味噌といふのだ。

もともと黒豆も大豆のうちであるからその点、主材は大豆といふことになるが、黒豆は黒豆として珍重されるので、大豆と区別して処理するのである。したがって、その処理方法も大豆とは全く違ふのである。その処理方法をのべる前に、この黒味噌の名称について述べておく。

この味噌は、昔から、「熊楠《くまくす》」と呼ばれてゐる。クマクスとはどんなところから、さう呼ぶのであらうか？ この問題は、小供のときから、私の大きな疑問であった。熊と楠は何か関係があるだらう。

楠の大木は、私の生まれた豊後《ぶんご》には沢山あるが、その大木のほら穴の中に猪や狸が棲《すまひ》してゐることは珍しいことではない。だから、あるひは熊が棲《すみか》を、楠《くすのき》の空洞につくってゐたのかも知れない。

それで、まっ黒な味噌を熊楠《くまくす》と呼ぶのかも知れない。だとすると、熊楠よりも、楠熊《くすくま》の方が正しい。などと考へたりして、母に、その話をしたところ、たいへん笑はれ、

「熊野奇日命《くまぬくすびのみこと》といふことだよ」

と云はれて、私は、（はっ）と驚いた。かねがね聞いてゐた味噌神のことを、このときも更に教へられたからである。

本講第一講「藝《うゑつけ》の術《ちゑ》の段」で詳細に説明しておいたが、この熊野奇日命《くまぬくすびのみこと》が、味噌を神代に初めて世に普及させた祖神《おやがみ》

さまである。

その祖神の神名が、すなはち「熊楠《くまくす》」であるから、楠（クスノキ）の字を当てては不可《いけ》ないのである。それが、いつのころからか、「熊楠《くまくす》」と書かれて、私の家にのこってゐた。

いまは、私が、それを正して、「熊奇《くまくす》」と書き直してゐるが、黒豆味噌を、「クマクス」と呼ぶところを考察すると、神代には、いまの白大豆がなくて、黒大豆だけで味噌をかもされたのではなからうかと思ふ。

それとも、白と黒もあったが、黒豆の方が、風味が上等なので、その味の良い方に、祖神の御名前を冠せたのではあるまいかとも思はれる。

その点から察しても想像がつくであらうが、この黒味噌は、味噌発明の神様である。

玄米麴の効能

いまでは、そんな味噌を製醸してゐるメーカーなど、どこにもないし、また製醸法も知られてゐないやうだが、こんなやさしい製法が、どうして絶《たえ》てしまったのか不可解である。

昔から、味噌豆は、煮る物ときまってゐるのであるが、この黒豆だけは煮ないで蒸籠《せいろう》で蒸すのである。

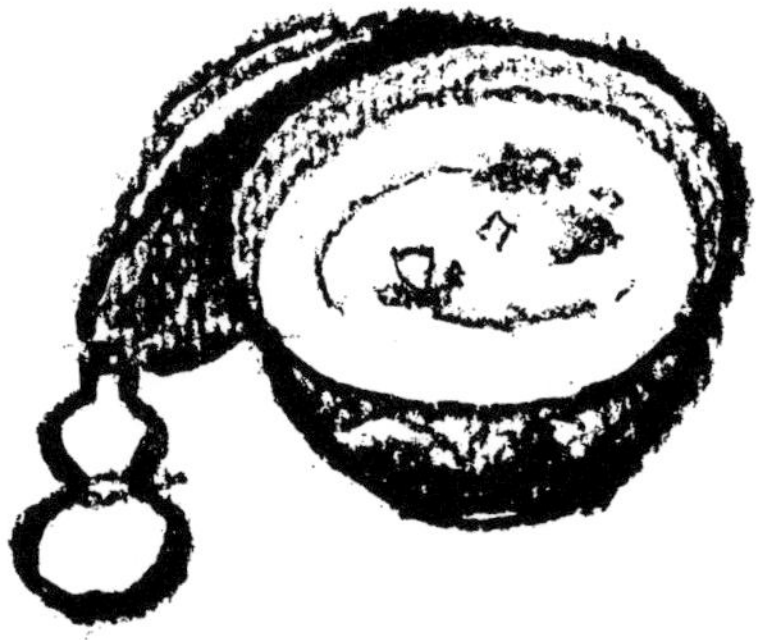

私は、その理由が判らなかったので煮てみたが、煮た豆と、蒸した豆とでは、蒸した物の方が、はるかに風味が良いので、（なるほど蒸豆の方が良い）と納得してゐるのである。

蒸籠の用意のない家庭では、御飯ふかしのやうな物を応用するがよい。蒸された黒豆はすり鉢などで搗きくだくのも良いが、そのまま仕込んでもよい。

さて、では蒸した黒豆だけで味噌が出来るかといふと、そうではない。蒸した黒豆に、直接麴菌を作用させて、単身《たんみ》味噌を作ることはできるが、それでは苦《にが》くて永く寝せておかねばならないので、美味な味噌はできない。そこで黒豆の主体にどうしても、麴を合はせて仕込むのであるが、問題はその麴である。

クマクスの麴は、昔から玄米麴である。玄米麴は、純玄米がもっとも良いのであるが、純玄米は、皮が厚いので、菌の粶込《はぜこ》みがおくれる。

そこで半搗米がよい。昔は純玄米であったさうだが、いまは三分搗きである。三分といふのは、ほんの少し、米の厚皮に傷をつけた程度であるから、玄米をこすった程度の搗き方である。

この粶込《はぜこ》みのことを、破精込みと書く人もあるが、これは当て字である。ハゼ込みとは、糯米を炒《い》って爆《は》ぜさせた状態のことだ。その状態が、糀菌が米や大豆に作用して、その原体に食ひ入って、菌全体に同化させやうとする活動の状態《ありさま》を表現した語である。

普通、酒屋や味噌屋を醸造業といふ。俗に醸屋《かもしや》ともいふ。この醸《かも》すことが、菌を糅込《はぜこ》ますことである。

これが醸造学の根本であることを知ってくれたら、糅込みが、いかに大切な原理であるかを知ってもらへる。

この玄米の皮に、いろいろの効能が含まれてゐるので、糠《こめぬか》と米とを合はせたのと同じであるから、味噌に多分の甘味《あまみ》が醸《かも》し出されるのである。

この黒味噌は、仕込んで四ヵ月ぐらゐで充分食はれるやうになるが、真の良味になるのは十ヵ月ぐらゐがよい。

私はいま、五年目の物を使ってゐるが、はなはだ落ちついた味である。十一年経ってゐる物もあるが、味は少しも変ってゐない。

このやうに長年保存に向くところをみると、太古の味噌の製法は、非常の時に、食料にこまらないことを用意した食料貯蔵法であることがよく理解できる。

五種類の添加味噌

この味噌は、味噌漬を漬る味噌としても最上である。味噌漬は適当の塩からさが必要だが、からいだけでは良くない。からさに、これまた甘《あま》さが適当に出てゐないと、うまい味噌漬とは云へない。その甘さが「クマクス」には醸し出されてゐる。とろりとする味がクマクスの特徴である。

この味噌は、「味噌こし」も「すり鉢」も使ふ必要がない。よく解け合ってゐるので、そのまま味噌汁や和物などの調理

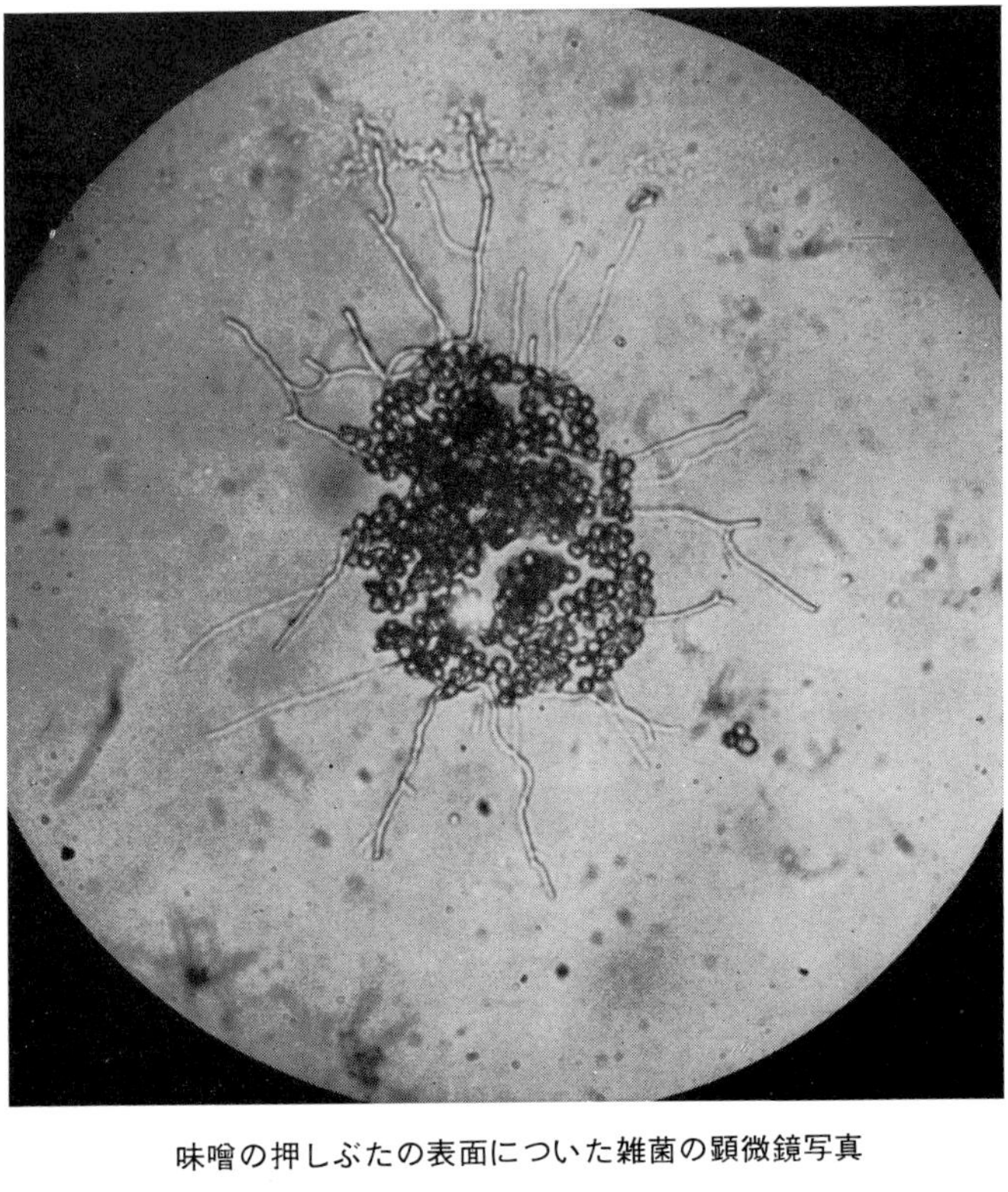

味噌の押しぶたの表面についた雑菌の顕微鏡写真

に使ふことができる。

また、胡瓜、薤《らつきよう》などの生野菜に添えて、食膳をにぎやかにすることもできる。胡瓜もみに使ふと、なかなか妙味なものとなる。

ついでに、この黒味噌を主材にした料理味噌五種類を述べておく。

一、かや味噌

黒味噌を焼き味噌にする。焼き味噌といふのは、フライパンにゴマ油をぬって、黒味噌百匁を入れて、弱い火で気ながにこげつかないやうに、丁寧《ていねい》にまぜながら焼くのである。やがて、よく焼けたら、火をとめて、さます。熱がさめたら、これを壺に入れる。

次にかやの実を四十匁ほどフライパンで炒《い》りながら荒皮をとり去る。荒皮を去ったら、これをすり鉢《ばち》で粉にする。

次に、黒胡麻《くろごま》一合を炒《い》って、かや粉と混合する。

次に砂糖二十匁、唐辛子《たうがらし》（蕃椒）五匁。

以上をすり鉢で、よく、すり合はせ、壺の焼き味噌と搗きまぜて、二ヵ月ほど経ってから御飯《ごはん》のときに、おかずにするのである。食慾をそそり、便通をこころ良くする効能がある。

二、茄子味噌

八月から九月、十月にかけて、茄子は最盛期にはひる。十月の秋茄子はことによい。細い茄子ほど輪切りにするので使ひ良《よ》い。

茄子を枡で一升ほど輪切りにして、黒味噌のたまり（香の水）一升に麹二升ほどまぜて、輪切り茄子を混合して、カメ、または、共口《ともぐち》ビンに詰めて、目張りをしておいて、十一月から、正月にかけて食卓にのせる。

三、天竺《てんぢく》味噌

黒味噌の中へ、蕃椒《たうがらし》のぶつ切りを沢山に入れて、鍋の中で、うす火で煮込みにする。

これは、すこぶる辛くて、食慾増進剤となるので、唐《から》（中京）を過《す》ぎると、天竺（印度）といふ、駄じゃれから、天竺味噌といふのである。

四、阿蘭陀《おらんだ》味噌

普通、「おらんだ」と呼んでゐるが、柚《ゆず》を十個ばかり用意して、中の実を去《と》って、皮ばかり小さく刻《きざ》み、醤油三合、水五勺ほどで、炭火で煮つめ、これに生姜《しやうが》五個ほどをワサビおろしで、よく擂《す》りおろし、蕃椒《たうがらし》を二十本ばかり、小さく刻み、擂鉢ですりつぶし、黒味噌百匁から二百匁程にまぜて、大鍋にゴマ油を多い目に注いで、たぎらかしながら、よくまぜる。よく混合したものをカメに詰めておいて一週間ほど過ぎてから召しあがる。

できあがり直前の大豆と小麦の状態。液温計で熱度を常に注意する

何故に、これを「おらんだ」と呼ぶのか、その語源はわからないが、おそらく蕃椒味噌であるから、さう呼ぶのであらう。

この中に柚《ゆず》がはひってゐるところが特徴だが、柚味噌と呼ばないのは、これまた、どういふ訳であらうか。

五、鉄火味噌《てつくわみそ》

鉄火味噌《てつくわみそ》は、知ってゐる方もおありだらう。

元来この味噌は江戸好みのものであった。江戸時代には、はなはだの好物として、日用されたのであるが、最近はあまり売られてゐないやうである。

そもそものはじまりは、第四講で述べた径山寺《きんざんじ》味噌から出

三角家の家伝「母念味噌」の検査。この写真は八種類の麹を室から出したところで，顕微鏡で菌糸や胞子の状況を検べて味噌に仕込む

たものである。

材料は、牛蒡《ごばう》、生《しやう》姜《が》、蕃椒《たうがらし》、木耳《きくらげ》、海《くら》月《げ》などである。これらの添加材を小さく刻《きざ》んで、最も適当に、よく混ぜ合はせて、黒味噌の二百匁乃至三百匁ぐらゐと混ぜ合はせ、鉄鍋が良いが、ない家庭では、何でも鍋でさへあればよい。

鍋に胡麻油《ごまあぶら》をたっぷり注いで、煎《い》りながら煮込むのである。適当に、味噌とよくなじんだら、火をとめて、さめてから、ビンや、カメの容器に盛りこんで、その日から食《た》べられるのである。

要するに、これは舐味噌《なめみそ》である。しかし、おいしい味噌であるし、温いごはんに良く、またパンになすっても美味である。

五合塩

最後に、「クマクス」の製法をのべておく。

材料

黒豆一升。これは試作程度の物で、規模の小さいもの。
三分搗玄米一升。
塩五合。
（五合塩は珍しく割合が高いが、これは長期保存のためである。）

　黒豆を水につける。前に幾度か述べたやうに良質な豆ほど増量するから、物によっては水につけると、二升五合にもなる。

　水につけ上がったら、これをセイロで蒸す。蒸れたら、擂鉢か何かで、少し搗く。すりつぶす必要なし。少し搗いたら樽かカメに五合塩で仕込む。

　玄米には麹菌を作用させ、麹にしてから、前に仕込んだ黒豆に搗き込む。麹を作ることが面倒なら、買へばよいが、玄米麹などないから面倒でも自製しなければなるまい。

　麹の作り方は、八講農家味噌を読み直してもらひたい。

昭和四十一年、米みその仕込み後の蓋あけ

味噌大学

第拾講

隠《いん》微《び》な芸《げい》術《じゅつ》

拙宅の漬物見学にある婦人団体の方々が四十年の六月十七日に来られたので、母《も》念堂《ねんだう》の漬物倉と別棟の味噌倉に案内した。そのとき婦人画報で味噌大学を読んでゐるといふ、まだ三十前の婦人（夫人かも知れない）から、漬物見物に来たのですが、味噌について質問してもよいかといふので、どうぞと云ったら、「麦や小麦の麹と、大豆を合はせて味噌をつくることは、婦人画報で読ませてもらひましたが、米味噌はどうしてつくるのですか」との質問であった。

こんな質問は、よほど頭がわるい人だと思ったので、「もう一度、最初から読み直して下さい。それより返事のしかたがありません」と云ったら、「どうもすみませんでした」といって引きさがった。

今月の二十七日には、戸叶里子さん達三十人ほどの夫人がたが見学に来られることになってゐるが、皆さんがかうして御勉強なさることは、まことによろこばしい。ところが、先に申しあげた質問者のやうに、本講の読者と前置しながら、どうして、あんな質問をなさるのか、その頭脳《づのう》の不井然《ふせいぜん》さに驚く。

といふのは、前々講であったと思ふが、朝日新聞の婦人学級の講演のとき、本講の愛読者の夫人二名から、「味噌大学を読んで、大豆はミキサーでつぶし、麹は食料品店で求めたものを合はせて、米味噌をつくり、皆さんにもおくばりして、たいへんに喜ばれてゐる」と感激された。同じ婦人画報の読者でありながら、かくのごとく差違のあるのは、いったい、どういふことであらうか。私はミキサーで大豆をつぶしなさいなど、どこにも講述してはゐない。

肉ひき機はたいへん便利であるから、臼で搗くことはやめて、肉ひき機を私は使ってゐるとは述べておいたが、その御夫人は、肉ひき機をミキサーに応用されたのである。何でも

大釜で煮た大豆を肉ひき機でどろどろにした物をカメに仕込んで，これから麹をまぜる

手近にある物を有効に使用されたのである。まことに結構な井然《せいぜん》とした頭脳である。

最初から申し述べてゐる通り、味噌つくりは、あくまで藝術である。大サジ一ぱい、スプーン何ばいなどといふやうな、いまどきの料理教室のごときことでは、味噌はつくれない。

藝術には、「ひらめき」が何より大切である。ひらめかない頭脳の所有者は、何を聞いても、見ても、何の益にもたたないのである。

藝《うゑつけ》の努力《まこと》　手込《たご》めば
その術《すべ》は　自《おのづ》と　味に
生きるものかや

味噌つくりの歌として、私の家にのこされてゐることは前にも申しのべた。この「うゑつけ」と「術《まこと》」は、まったく不即不離である。この関係は、実に隠微で云ひがたいものである。隠《いん》とは、かくれてゐて目に見ることのない法であり、微《び》は、かすかで明らかならぬ法である。この目に見ることのできない実体は、その味《あぢ》であるから、自《おのづ》と味に生きると読まれたのである。以上のことは、絶対の真理である。味噌つくりにかぎらず、人生百般に共通する大真理が「藝《うゑつけ》の術《まこと》」である。であるから、暗愚な頭脳には、それが理解できないので、それらの頭脳には聞かせる努力《まこと》も無駄であるといふことになる。

本講の第二講と、第三講まで読んだ人なら味噌の概念はもちろん、その作りかたは、既に卒業できた筈である。ひらめきさへ通常なれば、四講以下の講述は大学院である。

天保銭

読者の方々は、「天保銭」といふ四角な穴のあいた銅貨をご存知の方もあるだらう。婦人の帯止めなどに使はれてゐる八文銭である。なかなか乙な銅貨だが、八文なので、少し頭脳のひらめきのよくない紳士淑女を天保銭といふのだ。ひらたく云へば、あいつは八文。少しバカだよといふことである。二文足らないからである。

この馬鹿代名詞になった八文銭の出た時代でも、物価値上がり大反対の気勢は大《おほい》にあった。シャモジこそ押立てはしなかった代りに、佐藤内閣ではなかった徳川政府も大《おほい》になやんだ。それで八文銭などつくったのであらうが、天保七申年十一月の味噌の値上がりには大《おほい》にへこたれた布達《ふたつ》が、「諸事留《しよじうかがひ》」にのこってゐる。それによると、

味噌は米に続く日用第一之品柄に有之《これある》ところ、この節、米塩等高値であるから、味噌も自《おのづ》から仕入値段に相ひびき、相場を引き上げ候儀は、余儀なき筋には相聞えれども、小前の者ども別して難儀におよび候。既に米価の儀に付、追々御仁計を以て取締候時節柄に付、味噌の儀も、問屋、仲買等より、売前勘弁苦情に申諭候処、厚き御趣意のおもむき、相弁《あいわきまへ》、当分の内、問屋、仲買は、その売徳の内から歩引き致度き段、当十月中申立、不同なく売出し候筈に候。然る上は、いささ

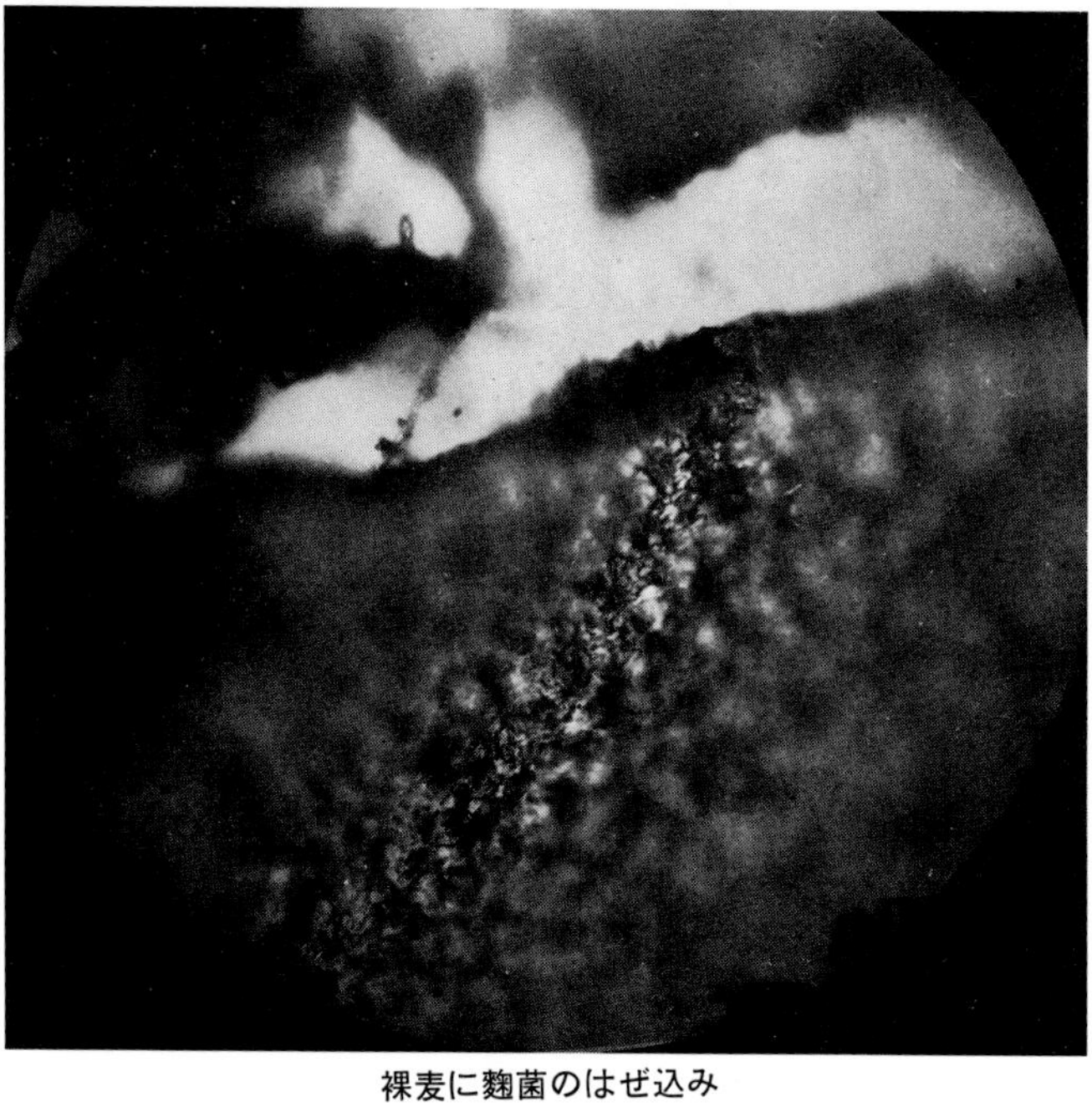

裸麦に麹菌のはぜ込み

かながら問屋値段も相ゆるみ候事故、小売いたし候もの共においても同様相心得《あいこころえ》是迄《これまで》も不相当の売徳これありまじく候へども、猶更、元値段に順じ、なるたけ勘弁いたし、売り渡すべく候。

このやうに、将軍内閣でも、自民党内閣でも、少しも変りはない。いま味噌値が米につづいて値上がりして、佐藤内閣が農林大臣から通達を出すとすればどんな値上がりを止める通達文になるだろう。

私の参考になるのは、味噌が米につづく日常生活の必需品であったことだ。ところが、生産者価格には一言もふれずに、問屋と仲買人の売徳歩合を、少しまけて勘弁して売ってやれ、などといふ通達はなかなか商人に遠慮ぶかい。しかも、これまでも、お前達が暴利をむさぼってゐたとは思はないが、なほさら、元値段に順じて、なるたけ勘弁して売ってやれと達してゐる。切り捨てごめんの天保時代のやりかたは、商人さまで、買ふ方は、勘弁して買はせていただいたのだから面白い。

右は、町奉行樽藤左衛門申し渡され候間御達し申候以上。十一月十日とある。

これにつづいて、天保十三年物価書が示達され、

一、極上味噌
是迄売値段　金壱両ニ付　目方三拾三貫目。銭百文ニ付
同四百六拾目。
引下値段　金壱両ニ付　目方三拾四貫五百目。銭百文ニ付
同　五百三十目。
一、上味噌
是迄売値段　壱両ニ付　目方三拾八貫目　銭百文ニ付　同五百四拾目。
引下値段、壱両ニ付　目方三拾九貫目銭百文ニ付　同六百目。
一、下味噌　是迄売値段　金壱両ニ付　目方四拾三貫五百目。銭百文ニ付　六百拾目。
引下値段　金壱両ニ付　目方四拾四貫壱百目。銭百文ニ付、同八百六拾目。
右之通値段引下候間、此段申上奉候、以上。拾弐番組諸色《しょしき》掛り
本郷四丁目、名主、又右衛門印
天保十三寅年八月二十日

右の如く、天保時代でも、味噌の値上がりは、市民にとっては米と同様に生活してゆく上の必需品であった。それにしても、天保七年の奉行通達以来政府はその値上がりを間断なくおさえるのに長期政策をとってきたのである。しかもそれ

が、大幅値下げであったことは、名主の、この段申し上げ奉り候の、値下げ値段表を見ればわかる。

天保七年の奉行達しでは、問屋、仲買の中間搾取を婉曲に取締って、生産者には触れてないが、いまの日本では、政府の施策よりも、組織労組が実力行使だのストだの云って、不当賃金の要求で物価の生産者価格をつり上げる源泉をつくってゐる。そして味噌ではなくて、自分で自分の足を食ふタコのやうな生活をくり返してゐる始末だ。そのしわよせが、購買者の一般市民（自分たちを含めて）にかぶさってゐる。

菩提味噌

以上のべたやうに、味噌はいまも日本人の血肉である。そして、これは子から孫へと伝承されてゆく。それほど大切な味噌について、私は国民全体がもっと味噌を考へ、不精《ぶしやう》を止めて味噌をつくるべきだと思ふ。

私は、おいしい味噌汁さへあれば、三度が三度何もいらない。側近の女たちまで、それでは栄養失調になりますよと私にいふ。その女子栄養士も公認の者であるが、そんな物識《ものし》らずが公認栄養士ではこまる。私が、「栄養とは何だ?」ときくと、それも知らない。あるラヂオ・ドクターにも聞いてみたが知らなかった。そこで私が、栄養とは、長生きのことだとをしへた。味噌汁で、麦飯を食っておれば早死などしないのだ。いまだにわからぬガンの業病になって死んだ私の知人に、ミソ汁と麦飯を常食にしてゐた人は一人もゐない。私の亡妻もその一人だ。肉や魚を栄養と心得ちがって、牛乳、肉、魚などを長生きしたくて食ってゐたものばかりがガンで死んでゐる。

とって仕込む

いまどきの人は、カロリーだの、ヴィタミンだなどと、薬屋の宣伝みたいなことを云へば、それを文化人と思ひちがって納得するが、カロリーと云へば、味噌ほど、カロリー価の高いものはない。その味噌汁に、豆腐の油揚げなどを入れたら、カロリー価の点から云へば鬼に金棒である。

出来上り糀を枡ではかって，カメの大豆と調和を

またヴィタミンと云へば胃腸には神効がある。このヴィタミンとカロリー価の高い大豆とを合はせて金剛堅固の神通力のある「菩提味噌」をつくることができる。この菩提味噌のことを、私は、私の代になってから、「ヴィタミン味噌」と呼称してゐる。世間人に理解させるために呼んでゐる名称である。この味噌は本講の第一講でも講説したごとく、神代に日向国で作りはじめたもので、宮崎県や鹿児島県の南部の山村に、この製法がのこってゐる。

前に述べたとほり、味噌の主材料はいふまでもなく、

一、大豆

である。この大豆に、米、麦、小麦などの麹を合はせて作るのであるが、このヴィタミン味噌は、米、麦、小麦でなく、

二、米ぬか

である。米ぬかは、薬剤ヴィタミンの主原料であるが、ヴィタミン以前の隠微の栄養材が多様にふくまれてゐる。

一、大豆一升

これをよく煮て、煮汁と共に、よく搗きくだくことは前講と同じ。これに、

一、塩四合

をよくまぜて、大豆だけを容器に仕込んでおく。次が、ヴィタミン味噌の主材である、

一、米ぬか二升

を、水づけして、充分に水を吸はせる。量も相当増量する。この増量は水ぶくれだが、糠の本質がふくれて、やはらかになる。それを笊《ざる》にとって水を切る。水が切れたら、セイロで蒸《む》す。

よく蒸れたら、展《ひろ》げて、身肌《みはだ》温度と同じ温度ぐらゐにさます。広いウスベリか何かにひろげるのである。身肌温度になったら、麹菌を、ほんの少量でよい、ぬかの上に撒いて、ほどよく、まぜ合はしてムロに入れる。かくして、糠糀をつくる。糠糀は、たいへんに、はぜこみがよいから、黒い素晴らしく甘い糀ができる。この糀を展《ひろ》げて、ひやし切ったら、それを先に仕込んでおいた大豆に搗きこみ、よく抱き合はせ、むらなくまぜて、よくならし、上にコンブをかぶせ、押し蓋をして、小石を押石《おもし》としてのせておく。四、五週間でたべられるやうになる。これを、たべてゐると、胃腸がすばらしく丈夫になるし、吹出ものなど、皮ふの患ひがなくなる。ふつかゑひなどにもってこいである。肌の美しい美人になりたい人は、作るべきである。

私は、日本人すべてが、このヴィタミン味噌だけで朝食するとなったときのことを、あらゆる角度から計算してみたところ、一つの計算では、一年間に一兆六千億円ほど国民所得の支出を防げる計算になった。

註　私は只今、母念寺《もねんじ》の祇園精舎《ぎをんしやうじや》で本職の住職の仕事が多忙で、執筆の時間がありません。それは寺の大拡張や布教のためであります。菩提業のためでありますのであしからず御了承願ひます。またの機会に。

付記

皆さんは「おから」は知ってゐるでせう。本当の名前は「雪花菜」と書いて「きらず」と読みます。切らなくとも豆腐のかすだから直ぐ食べられるので「きらず」と読むのです。雪花菜とは雅趣の文字ですが、これがすばらしい糀になります。一度蒸してから種つけすれば、大変雅味ある上等の糀になります。味噌にはもったいない上味噌が出来るし、糀を保存しておけば大根や白菜などの上等の糀漬も出来ます。私の家の「宿酔解脱《あひざめ》」は、この雪花菜の糀が調和されてあるのです。

味噌大学

第拾壱講

宿酔解脱《ゑひざまし》

前講ヴィタミン味噌で、その製法を述べたが、本講では「宿酔解脱《ゑひざまし》」のことを講述しておく。私も若い頃は、随分に酒を飲んで宿酔《ふつかゑひ》で頭や腹をいためた。この、いやな経験があるので、この宿酔解脱《ふつかゑひざまし》などといふ物にも経験がある。宿酔《ふつかゑひ》で、相当まゐってゐても、この味噌汁をつくらせて、一口のむと、不思議に、たちまち、今迄の不快が消え飛んで、また一ぱいやりたくなるので、宿酔解脱には恐れ入って、頭があがらない。

宿酔《ふつかゑひ》で、頭は不快になり、胃は焼けて、元気は脱け去って、浮かぬ気になって、徳利を見ても胸がむかむかしてくる。

「徳利なんか、目に見える所におくな、どこかへやってしまへ」

何も女房に当り散らすことではないのに、切羽詰った遣瀬無さで怒鳴る。女房は、そら始まったといふ顔で、

「いいですね。どこかに捨てても」

と云って、台所の戸だなにはこぶ。

「味噌汁が出来ましたよ」

味噌汁が来る。

「ううん、これだよ。早く持ってくればよかったんだ」

何とか云って、先づ一口飲んで、豆腐の一切れも口に入れる。するとである。今まで駄々をこねてゐた気分が雲散霧消して、

「矢っ張りこれだ。こいつはいいや」

と、途端に大満悦である。

「おい、徳利に酒がのこっとるか、気分直しだ持って来い」

多分さうであらうと思って、徳利は戸棚に待機させておいた。女房は笑って、

「案外早く利きましたね。茗荷《めうが》と、韮《にら》が、よく合ってませう」

「汁の実なんぞどうでもいい、味噌汁をのめば直るんだ。ははは」

である。この呑み直しが、なかなかの曲者である。

「お前も一ぱい呑め」

から始まって、二日、三日とつづく。相手はその間ちょいちょい変るが、亭主は依然ひとりである。中で場所も変ることがあっても、酒に連れ添ふ物はあくまで豆腐であるので、食ひ物でまゐるやうなことはない。そのことは、たいてい四日目ごろ、やっと休みになるが、呑んでるうちは、誰が何と云はうと言ひなりにならない。原稿書きであるから、相手の大部分は出版社だ、だから編輯者がお客だ、それがたいてい締切が来てゐるから、早く頼むといふ。すると、「バカ、間に合はなかったら止《や》めろ。俺は原稿の前借など一銭もしてないぞ。書かせてくれと頼んだおぼえもないぞ」最期の切り札まで並べる。さうまでして飲みたいとは、どうしたことであらう。この悪癖の中で私は生涯の前半を過したのである。それでも四十歳後にドックに二度はひって、精密検査を受けたが、二度とも、全身無菌と診断され、交通事故か類似の災害にあはれ殃死《おうし》しなかったら「決して死なず」百歳を保証すると大島博士に云ひ渡された。その故か二日も三日も呑みつづけてゐられたのかと感謝してゐる。

それにしても、宿酔解脱は、私の守り薬である。味噌にも、かくの如き神徳無量の功徳利益がある。世の奥さん方は、同じ味噌を買って、まずい味噌汁をすることを止《や》めて、金のかからない宿酔解脱を作られることを、おすすめする。

ここで珍しい「殃死」といふ言葉が出たので、ついでに紹介しておく。殃死といふのは、交通事故に会って死んだり、建築場の上から鉄棒が頭に落ちたりして即死したりするやうな不自然死になることをいふのだ。

人間はその寿命を持ち合せて生れて来て、一生を過す訳だが、その寿命を損してゆくのは、皆、自業自得で左右されるのである。この間には一分一厘の妥協も許されない。相殺は、教養父母に関してだけである。教養父母は奉事師長と共に三世諸仏の浄業の正因と説かれて、人間世界の最高な功徳利益《りやく》は、両親に孝養をつくすこととされてゐる。それについで先生を敬ひ仕へることを大切に説かれてある。近ごろの大学生などのゲバ野郎どもは畜生道の外道《げどう》だから今に殃死でくたばるだらう。

「親に孝なんて飛んでもない。そんな孝などする義務がどこにある。親は享楽の代償に我々を産んだのであるから、二十歳までは育てなければならぬ親の義務がある。我々の義務とは無関係だ」とぬかして、ゲバ棒などと呼ぶ角材を振り廻して、教授を拉致《らち》監禁して暴れ廻って、暴力団顔まけの徒輩に成り果ててゐる。このやうな人間は、畳の上では往生できない。教育ママとかいふ母親が越境入学させて、大学に入れてやっても、集団強盗と同じことをやり、女子大学生を輪姦して、これでも、親の享楽で出来たエリート学生だとぬかしてのさばってゐる。こんな徒輩はかならず殃罰を受けるのだ。親の享楽で生れたといふこの子を作った両親はどんな顔をしてゐるのか、一度見たいものだ。これらボロ学生の東大生などの話は、どうでもよい。さっきからの講話、宿酔解脱のしめくくりをいそがう。

作り方

用意

米屋に行って、

仕込み用の大豆をよく搗きつぶしてゐるところ

糠《こめぬか》一升を買って来る。今米屋で聞いたら、昭和三十三年四月四日の相場では、一升三十円ださうだ。

次は豆腐のおから、雪花《きら》菜《ず》のことを豆腐屋で聞いたら、毎朝、牧場から取りに来るのが一斗五十円だといふから、一升は五円である。

次は大豆だ。大豆は、一斗千円ぐらゐといふから、一升で百円ぐらゐだ。

以上三つで材料は揃った。糠《こめぬか》は、バケツに入れて水を注いで良くまぜる。たいして、よごれはないが、ほこりを除く程度に洗って、笊にあけて水を切る。水が切れたら、薄縁《うすべり》か干板《ほしいた》に展《ひろ》げて陽に干す。

雪花菜《きらず》はそのままで干板に展げて干す。

次は大豆だ。これは黒豆

が良いのだが、手にはひりにくいので、普通の大豆一升を買って水洗して水漬する。大豆は良い物ほど増量して来て、一升が一升六合以上ぐらゐに殖《ふえ》る。半日も漬たら水揚げして、前に干板《ほしいた》に干しておいた(1)糠と(2)雪花菜《きらず》と混合する。

ここで特別解説をしておく。普通一斗ぐらゐの大豆なれば、(1)(2)の糠と雪花菜《おから》も同量の一斗づつとなるので、合計三斗の材料となるので手順も別けねばならぬが、今回の場合は、単なる試作品であるから、大豆と糠と雪花菜《おから》を同時に寄せ合せるのである。丸くて、ゴロゴロしてゐる大豆に、やはらかい糠《こめぬか》と雪花菜《おから》を混合するので、よほど入念に、むらなく掻《か》き交《まぜ》る。よく混《まじ》ったら、これを蒸籠《せいろう》に入れて、(蒸籠を持ち合せなかった場合は、ごはん吹かしで良い)充分にふかす。大豆の一粒を食べてみれば、蒸《ふか》されてゐるかゐないかがわかる。大豆が充分に蒸《ふか》されたら釜から蒸籠をおろして、干板か薄縁《うすべり》に展《ひろ》げて冷《さま》す。人間の体温の三十六度前後に冷えたら、種つけする。種つけといふのは、種麹《もやし》を材料に添加することである。

種麹は、一袋が、一石量分であるから、一升の大豆であれば、一石量分の種麹であるから、一袋一石量分の種麹とすれば、その百分の一を大豆と糠と雪花菜に添加すればよい。一石量といふのは、百五十キログラムであるから、袋の中の種麹を出して見て、その全量を知って、その百分の一を種つけすればよい。

処で、この百分の一の種麹《もろみ》だが、百分の一となれば、はなはだ量が少くて、材料全体に比べて少なすぎるので、はじめての人は不安である。種麹が少いので、この量で麹が出来るだらうかと不安に襲はれる。そんな場合には、種麹に糠を、麹の三倍増量して、斑《むら》なく混《ま》ぜて、全体にゆき渡るやうにして、全体の材料に植ゑつける。

種麹の植付が終ったら、諸蓋《もろぶた》のやうな木の箱か、類似の箱類に詰める。木箱が何より良いのだが、それもなかったら、丈夫な箱につめて、毛布や蒲団を冠せて温度が逃げないやうにしておく。この作業は私の家のやうに、広い家で味噌蔵に温室や室《むろ》があれば、苦もなくできるが、設備のない家庭では、毛布や蒲団に巻いて、熱を保つより手がない。それで、いよいよ麹を寝せたら、麹の醱酵を待たねばならぬ。種付寝せ込み(引込ともいふ)を、本日の午後二時とすれば、八時間目の午後十時ごろには切返しをしなければならない。

切返し

これは、寝せてある全材料を毛布、蒲団を取って、種つけしてある全材料を取り出して、種麹の混《まじ》り具合や菌の活動状態を調べながらまぜ返して、種の粋込《はぜこ》みを促進させる。終ったらまた毛布、蒲団に包《くる》んで、寝せる。このときの温度は、三十七度ぐらゐに醱酵してゐたら上等である。

二度目の切り返し

第二日目の午前六時頃二度目の切返しをしなければならない。これであとは寝せておくだけで良いが、下手をやると、糀をまっ黒にこがして、台なしにすることがあるから、時どき手をさし入れて、温度を見る必要がある。三十八度以上になったら、毛布を取って風を入れるがよい。

前後を通じて、四十三時間で出麹と云って、醗酵終りで出来上りとなる。この間に仲仕事、仕舞仕事、積替などとあるが、一升程度の試作では、あとは略して、よい麹の出来上がりを待つ。

仕込み

味噌の仕込みは、麹を作ることも仕込みだが、麹が出来たあとが本当の仕込みで、これが上手にできなければ、良い味噌は得られない。皆さんがデパートや物売店から買って来られるやうな味噌は、味噌類似品であって、本当の味噌とは云へない。その本当の味噌の講義であるから、気を入れて読んでもらひたい。

もう出麹になったのであるから、煮てある大豆をつぶさねばならない。普通の臼に入れて、杵で搗く。これが昔からの大豆搗きである。またその方がよい味噌ができる。そ

母念味噌の管理（五十余種の味噌は年中手入れが必要）

れは解《わか》ってゐるが、今の便利の世の中で、臼杵などは時代おくれであるから、もう少し便利な方法はなからうかと思ったのが私である。この場合は、僅々一升の試作であるから訳ないが、事が大量となると、時間がもったいない。いろいろ考へた末に、肉屋が、こま切肉をきざむ肉挽機《にくひきき》なら、大豆を挽《ひ》くには適当と思って、応用してみたら、十分もかからず大量を処分してしまった。

それで、今では、一石の大瓶《おほがめ》に五、六本分の大豆でも短時間で処理して居る。ところが今回は、ほんの一升の試作であるから、大豆、糠、雪花菜を全部一緒に擂鉢で混合搗きをするがよい。大豆もよく蒸《むさ》れてゐるし、糠《ぬか》も雪花菜《おから》もつぶす必要のないものであるし、大豆は半搗きになっても、却って面白いので訳なくことはすまされる。

搗き合はせ中に、塩五合を大豆に加へる。これが大豆一升に対する五合塩である。大豆の蒸しあがりは、一升六合五勺であるが、いつでも、原料の枡目は、水殖えや蒸し殖えは計算しないで、原穀量で計算する。だから大豆一升に対する五合塩と云へば、あくまで塩は五合である。

これから本仕込みである。仕込み桶は樽にしたかったが、各家庭には樽がないので二斗瓶を使ふことにした。私の家などは樽も瓶も沢山あるので、どちらでもよいが、瓶の方が清潔であるから樽をやめた。

よく洗って陽にあてておいた瓶底に、清め塩をぱらぱら振って、擂《す》りためておいた糠《ぬか》や雪花菜《おから》に大豆を底に入れる。上まで全部入れる前に、味噌漬材料を入れる。この場合は、大豆一升に糠、雪花菜を合せて三升強、四升近くではあるが、それにしても何と味噌が少量だ。だから、味噌漬は欲張らないで、隼人《はやと》瓜の三個ぐらゐを漬物として入れておいて、あらためて次から一斗ぐらゐの仕込みを勉強して下さい。

そこで残りの味噌を上まで詰めたら、広昆布《ひろこんぶ》を表面に冠せて、平らにならして、その上に押板をのせて、上に拳骨ぐらゐの載《の》せ石を置いて下さい。

それから、瓶の上はビニールを冠せ、瓶の縁のところを細ひもで縛って、外から玉子を生む蛾などがはひらぬやうにしておいて下さい。

これで「宿酔解脱」は出来あがりである。

注

前頁の写真は、搗いた大豆に麴を大シャモジで混和させてゐるところだが、この麴入れは、初めのうちは全長五尺の大シャモジで搗き大豆と混和さす。また後日腕を突き入れて調製もする。腕力は大切である。

径山寺味噌の蓋明け。

味噌大学

第拾弐講

径山寺《きんざんじ》味噌《みそ》

江戸時代から、径山寺、金山寺と呼ぶ味噌が世に現れて、大いに世人の人気に投じて、今もつづいてゐる。

これは嘗め味噌の一種で、支那浙江《せっこう》省の径山寺、日本の紀州和歌山の金山寺などの僧が昔から作ったもので、支那が径山寺、日本が紀州和歌山の金山寺である。京大阪《かみがた》でも江戸が東京になっても、大いに流行して、今でも料理屋などで使はれる。しかし一般家庭では、製造できなくて買って食ふだけである。

それといふのも、日本の家庭には第一に道具がない。その上に、どんな道具をどう使って、味噌など作るのか、それさへ知らない。こんな人間は、他人さまの作ったものを、金を出して食はせてもらへば事は足りるので、研究して見る気は起こさないので、自宅の物をお客さまに差しあげるなど、思ひも寄らないのである。

だから手前味噌なんて云はれると、洒落《しゃれ》かと勘ちがひする位が関の山だ。

手前味噌とは、まあひとつ、味をためして下さいと云って、その家の主人公が、自分の作った味噌を客に振舞って、自信の腕前を披露することの意味だ。

漬物や味噌は、元来が男の仕事だ。重い重石《おもし》を抱へたり、大豆搗きなどは女には無理だ。それで漬込み仕事は男の実行すべき作務だとされてゐた。大宰府《だざいふ》の天神様も漬物と味噌については熱心に藝術された。太閤秀吉も珍しい漬物つくりの名人であった。漬物の中でも、味噌漬が特に上手で、香の物太閤と云はれたこともあって、手前味噌を行幸を仰いで、差上げたことが文献にのこってゐる。

香の物を至尊にさし上げるといふことは、ことに味噌つくりに長じてゐる人でなければ出来ない藝当である。香の水といふのは、味噌から凍《し》み出た味噌汁のことで、これを溜《たま》りといふ。この醬油みたいに凍み出た汁を、香の水といふのだ。二位三位の典侍《てんじ》方が宮中言葉として使はれたのが、香の水であるが、漬けられたのが、香の物だ。これも御所言葉であるが、漬物のことを「香の物」と呼ばれて、たいへん珍重された。

味噌漬を自慢されるには、漬ける味噌にも自信があったのであらう。その行幸の時のお献立も、明確に記録されたものが、いまだ残ってゐるところを見ると、豊太閤は、料理にも通達されてゐたことと思はれる。

昔の武人には、なかなか漬物に達してゐた話が数々のこってゐる。中でも、義経公と弁慶の大根おろしの話が面白い。

義経も幼少の時から苦労した人で、戦陣でも一夜づくりの早漬などに長じてゐた。

一の谷の戦陣のとき、戦争に追ひ廻されて、ろくな食事も取れなかった。折から前を流れる川に割れた擂鉢が川の水に洗はれてゐるのを見つけた。そばの畑には大根がみごとに育ってゐる。

義経は、大根を抜いて川で洗ひながら、

「弁慶、飯は?」

と聞いた。天人棒に吊した鍋の蓋を取ってみた弁慶が、

「はいできました」

と頭をさげた。

「いま擂大根をつくるぞ」

義経は、割れ鉢の底で、器用に大根をすった。

「その茶碗を寄越せ。おろしには塩がよいぞ」

義経は醬油いらずの塩おろしを、あっという間に作った。

「本当は味噌がよいのぢゃが、塩もまた格別ぢゃ」

とをしへた。弁慶は、大根おろしを塩で食ふことを始めて知った。これから、食事係の弁慶はおろし大根を作るやうになった。弁慶の早変りは有名で、「ええい」と声を出したと思ふと、鎧かぶとに身をかためてゐたといふ大将であるから、大根下《おろ》しもたいへん早かった。

義経は怪んで、陣屋の吊蓙《つりござ》をはねて、ちょっと台所をのぞき見をした。ところが、気づかぬ弁慶は大きな大根にかぶりついて、ごりごり嚙んでは、懐《ふところ》の中から、茶碗を出しては嚙き溜めてゐたといふのだ。

「ははは。どうも粒々の多い大根下しだと思ったが、弁慶の涎《よだれ》は、よい味ぢゃのお」

と云って、笑ったさうである。

以上が、弁慶の、大根下《おろ》しの巻である。これでをしへられることは、人生の知恵である。

山の遭難者たちが、知恵おくれの馬鹿な人間ばかりであるから、塩の用意など、皆が怠ってゐる。塩さへ持って居れば、餓ゑて死ぬやうなことはないのだが、さて、その塩の活用方法も知らぬ腑脱輩《ふぬけども》が死んでゆくのだ。

何のために、山などへ出歩くのか知らぬがたいていは死に

に行くためであらう。腑脱《ふぬけ》は業《ごふ》で死ぬやうになってゐるのだから止めることもできない。

さて、本論の、径山寺《きんざんじ》味噌の製法である。

材料

大豆一升
小麦一升

大豆を釜で炒る。火が強すぎると、くすぼって、豆を黒く焼いてしまふ恐れがあるので、なるたけ細火で、ふんわりとなるやうに、大きなシャモジで、豆をころがす。豆は火に当てると、皮がむけてくるが、この皮はあとで篩《ふる》ひ分けて、皮の部分は別に取っておく。

全部炒り終ったら、石臼で軽く碾《ひ》く。あんまり細《こま》かくすると、キナコになるので、そんなに細かにならぬやうに、荒っぽく碾く。今どき石臼など持ってゐる人はないだらうが、何とか考へて、代用品でもよいか

味噌の仕込みには塩の量を厳密に決める

ら、炒《い》り大豆を碾き割ったがよい。このとき、炒るときに皮ばなれがして、皮が剝《は》げてしまふが、その皮も大豆といっしょに碾いて、篩にかけて石臼《いしうす》から落ちた皮の部分を別にしておいて、種麴に混ぜて使ふと、麴の量が殖えて種付の時に便利である。

次は小麦だ。これは大麦でもよいのだが、小麦の方が味がよいので、一応小麦で説明しておく。

この一升の小麦は、大豆一升に対する等量を麴にして、大豆と混合して味噌に仕込むのだが、あまりに少量であるので、大豆と共に取りあつかって手数をはぶく。

それで小麦は、そのままでもよいが、先づ製米屋に頼んで一皮薄皮を取って貰ふ。あんまり皮を取りすぎるとメリケン粉になるから、さうしないために、ほんの一皮剝《む》く程度に製米機で小搔《こす》ってもらふ。

この小麦を水で洗って水漬する。半日程度も漬ると小麦がふくれて一割五、六分程度に増量する。品質のよい物は、それ以上になる。

ここで水揚げして、前に篩ひ分けてある大豆と混合して蒸《せい》籠《ろう》に入れる。これは別々にすることもよいが、全体の量が少いので、大豆も小麦も混合で蒸《む》す。

蒸しあがったら、広い薄縁《うすべり》やうの物に展《ひろ》げて熱を取る。人体の三十五、六度に冷《さ》めたら、先ほどから用意してある大豆皮の石臼で碾《ひ》いた物と混合《まぜあは》せてある麴を種付する。

この時の麴の分量は、種麴一袋は、十五キログラム、一石量分がはいってゐるから、袋を開けて、その麴全量の十分の二に、大豆皮の粉をまぜておいた物を、大豆と小麦に種付をするのである。十分の二は、大豆一升、小麦一升の合計原穀の二升分の種麴の量である。

種付を終ったら、これを諸蓋《もろぶた》の木箱か、厚紙製の箱に、ビニールの袋に入れて詰め、毛布や蒲団を冠せて、熱を持たせて醱酵させる。温度は三十五度から、ゆっくり上げて四十度ぐらゐまでに熱をもたせる。そのうちに麴の花が一面についたら、麴は充分に出来たのであるから、

第一日、午後二時種付（引込）とすれば、八時間目に「切返し」と云って、混合の調節をする。つづいて第二回の「切返し」をまた八時間目に行なふ。それは翌日の朝の六時頃である。これで、

第二日目

である。朝の六時の切返しを終ったあとは、もっと大量であれば、仲仕事もあるのだが量が少いので、麴の温度でも注意するがよい。夜の十二時を過ぎて、第三日目にはひるが。

第三日目

も、ただ出麴を待つだけで、出麴は、午後の八時頃である。これを通算すると、四十二時間で麴は出来上りといふことになる。

さて立派な麴が出来たかな？　である。

麹室の暖房

いよいよ仕込みである。ここでちょっと注意を要することは、この仕込み材料が、大豆と小麦が共種付であることだ。

　元来味噌大豆には種麹《もやし》を種付しないで、種付して、麹になった小麦、または麦麹や米麹と抱き合はせて仕込むものである。それがこの工程では、最初から、大豆と小麦に同時同量の種麹《もやし》を種付されて、大豆も麹にされた。この大豆に種付する工程は、八丁味噌以外には行はない。いはゆる単身味噌の製造工程だ。この方法は、もっとも旧式工程で、単身であるから一年を経過しないと食はれない。それで八丁味噌は原価計算が高くなって、小売価も高値になる。つまり手形利息が加算されるので高値となる。

　ところが、それを知らない調理人達は、値段の高い物は、高級味噌と勘ちがひして、八丁味噌を最高級として、あのなま苦《にが》い味噌で汁を作って、「赤出し」などと云って大衆をたぶらかしてゐるのである。これには、何でも知ってゐると自惚《うぬぼ》れてゐる「ザアます夫人」が先づ引っかかって、「赤出しをちょうだいな」と来るのである。知らぬが仏《ほとけ》とは、「ザアます夫人」のことである。

　つい一昨日のことである。嫁さんさがしの青年から嫁さんをたのまれた。短大ぐらゐを出た女性で、味噌汁と漬物の出来る女性なら、何も他に望む事はありません。との要求である。そこで私は、その要求は、「余りにも超特級すぎる。そんな若い未婚の女性がゐたら、僕が後妻に貰ひたいくらゐだが、とても、そんな女はゐないよ」と云って、この嫁さん探しを断った。

「きみは短大でも出てゐたらといふが、短大とは教育のことだらうが、教育といふものは、教養とはちがふぜ。味噌のことが解る女性で漬物を作れる若い女性なんぞ、金《きん》の草鞋《わらぢ》でさがしても見つからんぞ」

彼はうなづいてゐた。私は家内が子宮癌で死にかけてゐる最中に、那須に転地して介抱してゐるとき、ある旅館に滞在してゐた。私はいつでも味噌と漬物は持って歩くので、その時も味噌は三種類、漬物は七、八種類持ってゐた。宿の大将が、今度は大学を出た調理人が東京から来ましたので、少しはお気に入ることが出来ると思ひます。と挨拶に来て云ふ。

「ふうん、東京から、食ひ詰めの調理人がね。うちの味噌を、味噌漉《こし》で漉した調理人だらう」

と毒づいた。大学出といふのが気に入らなかったが、味噌を一見して、漉す味噌か、漉してはならない味噌かの見当もつかない盲目《めくら》に、調理をやらせる主人も大馬鹿者である。

私は調理人を大切に取り扱ふので、滞在中は、よく祝儀をやる。その御礼にその大学出が挨拶に来たので、

小入道と墨書した漬物石。漬物の秘伝は押石にある

「きみか、馬鹿の一つおぼえで、味噌擂坊主の真似をしたのは」

と真っ向から尋ねてやった。

「へえ、何でございませう？」

と反問する。

「バカ、あの味噌が、擂る味噌か、漉す味噌かぐらゐのことがわからんのか？　漉したあとに、何かのこったか？」

「みなぬけてしまって、何も残りません」

きつねに、つままれたやうな顔でいふ。

「それでも、まだ漉すのか？」

と聞いてやったら、やっと判った顔で、

「もう漉しません」

と云った。

「それなら云って聞かせるが、うちの味噌は、連木で腹切る血の涙は不用なんだ。キミは味噌は擂鉢で擂る物、味噌漉で漉す物と思ってるんだろ。そんな旧式の味噌ではないのだ。擂鉢も味噌漉も必要がないやうに作られてあるんだ。今後はいらぬ事をしないやうにしてくれ」

と云ったら、目をくるくる廻してゐた。それ以上は聞かなかったが、まさか東大出ではないだらう。ひょっとしたら、東大にはバカが多いから、あるひはゲバ棒かも知れない。

この調理人については、もう一つ思ひ出がある。五月ごろであった、

「先生は、土筆《つくしんぼ》は如何でせう？」

と聞きに来たので、

「それは結構、是非たのむ」

と答へたら、お昼の食膳にはこばれた。よく味つけされてあった。夕方彼が来たので、

「甘《うま》かった。時に、あれは醬油《むらさき》で直接《いきなり》の味付らしいな」

と云ったら、

「さうです。土筆《つくしんぼ》は、それでないと駄目です」

と自信満々である。

「さうだろ。あれが、どこか遠くの人から届けられたやうな味を出す法があるが、知ってゐるか？」

と聞いたら、知りません、をしへて下さいといふので、

「キミ、塩梅《あんばい》といふことは、調理人だから知ってるだらうな？」

と聞いたら、それも知らぬといふ。

「まあいいよ。それでは、土筆がまだあるかい？」

と聞くと、まだ沢山あるといふので、

「ではね、よく掃除して洗ったら、梅干を二つか三つ入れて、水たきして、二十分ぐらゐしてから、鰹節を奮発して、醬油を使はずに塩で味をつけてくれたまへ、これを塩梅煮《あんばいに》といふんだ。食ってみたまへ、水戸の老公が届けてくれたやうな、ほのかに遠い所からの味がするから。大宰府の天神さまの菅公から贈られたと思ってもよいよ。ほのかに遠い所から

の味が聞えてくる。その味が醸《かも》されてゐなくては駄目だ」
これこそ塩梅《あんばい》の極致と云へるものだ。と、をしへたら喜んでゐた。

余談に花が咲きすぎた。これも、一人でもよいから、若い女性に読ませるために書き足したのだ。

さて、

(一) 草石蠶《ちやうろぎ》
(二) 木耳《きくらげ》
(三) 昆布《こんぶ》
(四) 白瓜《しろうり》（干した物）
(五) 苦瓜《にがうり》
(六) 榧《かや》の実《み》
(七) 唐辛子《たうがらし》（実も葉も）
(八) 刀豆《なたまめ》

以上八種の外に、もっとうまい物があったら、種類を殖してよい。右の八種は、金山寺には混ぜ漬する。

味噌は前に云ったやうに、大豆と小麦の混合仕込みであるから、大豆の分を搗いたり、碾くことをやめて、大豆小麦共に、四合塩で搗き交ぜて仕込む。

よく搗き交ぜ終ったら、二斗がめの底に一寸位敷く。その上に右の漬材を適当に並べ敷く。木耳を始め、小さく切って、敷くのであるが、あまり大きくならぬやうにする。昆布や、白瓜や苦瓜《にがうり》などは、それぞれの味を持ってゐるので、それらが味噌とミックスした味を出すのであるから、そのことを考へて、丁寧に扱ふ。

但し、唐辛子は辛いがうまいので小さく切らずに、丸のままが良い。葉唐辛子は少しは一緒になってゐた方がうまいから、それも考へに入れて、出来れば、ガーゼの袋をぬって、それに詰めた方がよい。かくして一並べしたら、その上に、次の味噌をまた一寸ぐらゐ敷く。これを何度やれるか、味噌の分量を見て、最後まで、有りったけ詰める。

全部終ったら、平にならして、表面に、広こんぶを展《ひろ》げて、その上に押蓋をして、小さな石を押しに置く。

これで三、四ヵ月経ったら、味噌を調べてみて、よく味がついてゐたら、食《た》べてよし。

この味噌は元来が「嘗め味噌」であるから、セロリや、胡瓜などに一さじつけて、皿盛で突き出す。よく料理屋などで、酒の突き出しに出されるが、良い味噌が少いので、うまく食べられないのである。

今回は大豆と小麦を混合して種付したので、大豆の取り扱ひが略式になったが、本筋では、大豆は別にして、大豆は大豆として、別途扱ひに仕込んで、小麦麹と合はせるのである。その際は、大豆を黒豆にすると、一層うまい金山寺が出来るのである。径山寺、金山寺と云はれる嘗め味噌は、かくして、作られることを講述したのである。

手前味噌

手前みそ
（1）

乳房と味噌

先日、荒垣秀雄君が、「天声人語」で菊池寛賞を貰った。その会に出る前に、文芸坐の正面外壁の大彫刻の下見に、朝倉文夫先生のお伴をして、作者渡辺弘行氏のアトリエに出かけた。その席でも渡辺夫人のお手料理の酒宴が開かれた。

私は、アトリエの床《ゆか》いっぱいに大の字になってゐた原型の、偉大なる乳房の出来栄えに満悦の意を表した。この大弁才天の乳房は、一斗樽のやうに大きくて豊満である。私は「この乳房は、神聖な母性の乳房だ」と云った。すると、朝倉先生が突然、

「オッパイと味噌はだれにでもなつかしいもんだよ」

と云はれた。この彫刻は、弁才天を現代の女性化した女神《めがみ》像《ざう》だが、どえらいオッパイを惜し気もなくふくらまして、左手にタテ琴を持って、空たかく舞ひ上ってゐる。その大ブロンズの下見の席で、オッパイから「味噌の話」が湧いたのは実に面白い。彫刻は渡辺弘行君だが、朝倉先生との合作に等しい直接指導であるから、味噌の話は先生の「手前味噌」に通ずるかも知れない。私は、そんなことを思ひながらお話を拝聴した。

「ねえ、ねえ三角君」と、ねえが二重になる時は、先生が先づ御満悦で、よほどお話をなさりたい時である。

「人間はねえ、オッパイをはなれて、いちばん最初に食べた物を一生忘れないねえ。オッパイが生命のはじまりであるから、オッパイは忘れられないんだ。その第一の綱を手ばなして、次の生命をつなぎはじめる第二の命の綱は、死ぬまで忘れない。日本人はオッパイの次には、たいてい味噌汁だ。味噌は吾々日本人の親子代々の血肉につながってゐる。だから味噌だけは、先祖伝来の血肉とも云へる。それだけに味噌は平凡だ。うっかりしてゐると、母親のオッパイを忘れるやうに、味噌の恩も忘れがちになる。だけどうまい味噌は少いね」

私は全く、そのとほりだ――と思ひながら、急に、垂乳根《たらちね》

の母の乳房を思ひ出した。私の母は朝倉先生の御母堂の話相手であった。先生は私と同じ土に生れた同郷の大先輩だ。

十一歳の春、私は母の手許をはなれて出家した。私は母の最終の子である。父を幼少の時に失った私を、母はいみじくも哀れに思って、別れる日の朝まで私を抱いて寝てゐた。

母が朝おきる時に、私は毎朝、その乳房をあわてて摑む。母は私のその手を、掻きおとすやうにして寝床から脱け出る。その毎朝の最後の母の乳房の、何ともいへない嬉しい感触は、今なほ追慕を絶ち切れない。

母の乳房は、弁才天のそれほどではないが、なかなかに大きく膨れてゐた。白米を充満させた絹の五合袋ぐらゐに豊満であった。乳頭は、いまの私の拇指の頭ほどにも太くて、つまぐるには十分な量であった。もう乳管はふさがってゐたが、その乳頭を口に含んで、乳房から母の香を満喫しながら、私は毎晩眠ってゐたのである。

なるほど、朝倉先生からさう云はれてみると、本当に、私も母の乳が出なくなってから、味噌汁で食物を摂りはじめた。古い古い農家である私の生家には、自慢の味噌が沢山あった。母は味噌作りの名人でもあった。

「去年の味噌を、今年食べるやうでは、非民の沙汰だと、昔から言ひ聞かされて居りますぞ」

母はわが子によく云ってゐた。家をついだ長姉が、

「乞食は物もらひをするんだから、そんな新しい味噌は貰ひ出せまい」

といったことがある。すると、母は改って、

「バカ、何を屁りくつを云ふか。非民というのは、乞食のことぢゃない。昔の昔、人間が一人生れると、田を三段づつ貰ひよった時世のことぢゃ。生れたら呉れる代りに、死んだらお上《かみ》に返すんぢゃ。

そのころ、殿上人《てんじゃうびと》たちは、田畑を耕《たがやさ》ずに扶持米《ふちまい》を貰ひよった。扶持米渡しの時はぢゃ、竹矢来が出来て、そこに扶持貰ひに、衣冠束帯《いくわんそくたい》の列で米貰ひにゆかっ

ぬやう入念にまぜる

釜の火熱の点検。大豆煮にこげつか

しゃった。すると渡し役人が、それぞれに量《はか》って渡すんぢゃ。この扶持のことを「非民扶持《ひみんぶち》」と言ふたんぢゃ。なんぼ、位が高い役人でも、自分で食ふ物を作れない者は、民《たみ》ではないから、非民《ひみん》衆といはれたんぢゃ。祖父《ぢい》さまが、よう云はしゃったが、百姓のことを大御宝《おほみたから》とあがめるが、それは田から宝を産ませるからぢゃ。だから百姓は尊いものぢゃ。

そこへゆくと非民衆は、自分では作らんから貰ひ寄せを食はにゃならん。そんな人たちには、二年越し三年越しの上味噌なんぞ、食べる資格がないといふコトワリぢゃ。わかったか」

「へい」

姉は判っても判らなくても、返事をしないと叱られるので、素直な真似をして、ヘイと云った。

私は、その母の昔の言葉を後になって思ひ出して、この非民といふ言葉が非人に転訛して、後には乞食と混合したことを知った。

そんなことを思ひ出しながら、朝倉先生の味噌ばなしを拝聴して、その足をのばして、「天声人語」の受賞祝賀会のステーション・ホテルに出かけた。学兄荒垣秀雄は、大正十五年の春に朝日新聞に入った。私は一ヵ月早く入った。共に社会部で働いた。私は十年足らずで新聞記者に見限りをつけたが、彼は憧れの大記者になって、今尚、朝日に残ってゐる。この荒垣が「天声人語」で菊池寛賞をもらった。その司会を私がやらされた。荒垣のために、嬉しいのやら悲しいのやら判らない気持であった。「天声人語」の荒垣と云へば天下周知だ。その荒垣が、一雑誌社の宣伝賞みたいな物を贈られたからと云って、どれほどの足しにもなるものでない。荒垣はホントに喜んでゐるのかな？ と疑問を持って毒舌の司会をやった。いづれにしても盛会で、朝倉先生も金一封の祝意を表して下さった。この夜の幕裏の司会者が村山上野商店の大番頭、扇谷正造である。村山上野商店とは、即ち朝日新聞社のことだ。大番頭というのは、「週刊朝日」で編輯長として、扇谷君が大いに手腕をふるって儲けてゐるから、さういふのだ。この扇谷編輯長が、この祝賀会が済むと、その席で偶然といふか不思議といふか、また当然といふか、

「味噌、味噌、味噌、味噌を書いて下さい」

と、突然云ひ出した。(今日は、妙に味噌の話の出る日だぞ) 私はさう思ひながら、この「手前味噌の記」を引きうけた。

大豆に直接麹菌が作用して麹に作ったものは、八丁味噌の材料である。俗に赤出しと云はれるのがこの味噌である。高級品ではない。

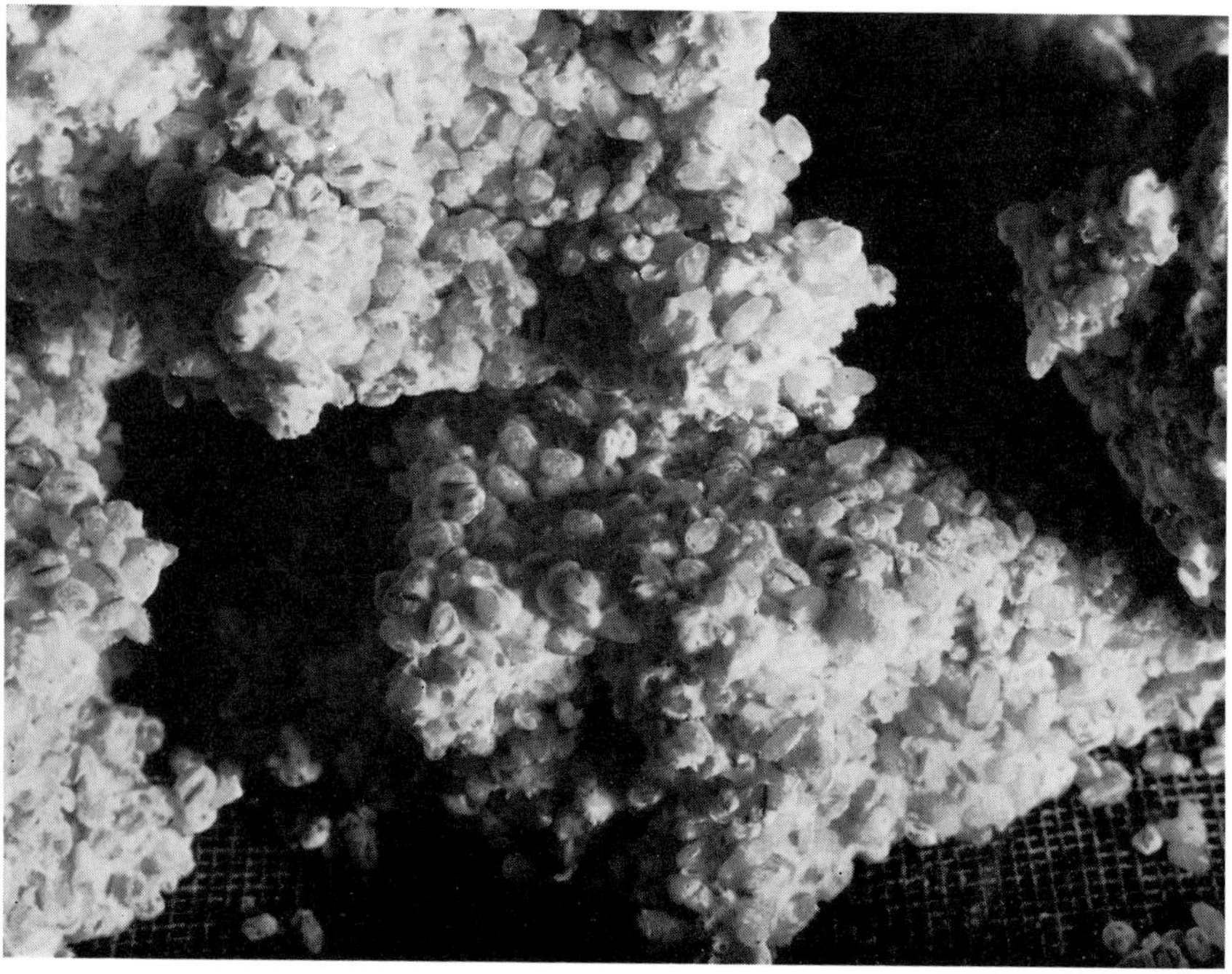

大豆に直接糀菌を作用させた糀

手前みそ（2）

味噌歌

　私の母は寺子屋にもゆかなかったので、祖父から、「味噌歌」を書いて貰って、野中道で弟（森作と云った）を背に子守をしながら、読み唄ったといふ。その文字は、浄瑠璃の上手な祖父から書いてもらったむつかしいお家流の仮名であったといふ。たいへん博学の歌である。

〽大豆は甘温《あまぬく》、気を下す。中《あたり》を寛《ゆる》めて気《き》を活《いか》し、薬毒百毒《やくどくひやくどく》解《と》き散《ち》らす。

糀《かうぢ》も甘温《あまぬく》、胃《い》に入《い》れば、食《く》ひ過《す》ぎ、積《つも》りを消《け》し散《ち》らし、閉《て》塞《もり》を開《あ》けて元気《げんき》を通《とほ》し、新血《しんち》活々《かつかつ》通《かよ》はせる。

豆《まめ》と糀《かうぢ》に冷《つめた》い塩《しほ》は、鬼《おに》に金棒《かなぼう》、説法《せつぽう》に法鼓《ほつく》。塩《しほ》の引導《いんだう》で、心腎肺脾《しんじんはいひ》、肝《かん》に注《そそ》いで血気《けつき》を歛《おさ》む。筋《きん》骨《こつ》うるほひ、毒解《どくと》け散《ち》れば、血《ち》は涼《すず》まって良《よ》くかわき、痛《いた》みや、痒《かゆ》さも消《け》し散《ち》らし、食気自然《しょくけじねん》に気血《きけつ》に起《おこ》る。

　味噌《みそ》は二《に》温一寒《おんいっかん》が、相和《あいわ》したすけて性《さが》になり、熱《ねつ》に出会《であ》へば涼《りやう》となる。寒《かん》に出遇《であ》へば熱《ねつ》となる。強《つよ》きを和《やは》らげ、弱《よわ》きを壮《おさ》め、急激《はやり》を寛《ゆる》めて、緩《ゆるき》を堅《かた》む。血《ち》散《ち》り気《き》散《ち》りを押し止めて、悪しきアツマリ（聚）追《お》ひ散《ち》らす。一身安隠無《いっしんあんのんむ》碍《げ》神通《じんづう》。云々。


　母が子守をしながら読み唄って、よく覚えたので、忘れやうとしても、忘れられない歌だといって、味噌豆をまぜながら歌って呉れた。私も宙《そら》で覚えにゃ。と云はれて、何度もお経を小坊主が習ふやうに復習させられて、お寺のお坊さんがお経読むやうに宙で歌へるやうになった。

　大釜の下で、太い薪を燃しながら、藷を焼いて食べながら、兄と二人で母の歌を口移しに習った。後年、朝日新聞に入ってから、自分で味噌作りをやり出して、この味噌歌を思ひ出し、平仮名で書いてみたが、どうも読みにくくて意味も判りにくい。それで字引を引き引き漢字をはめてみた。こうして漢字を嵌めてみると、元歌はどうも学者の作らしい。あとの半分もなかなか面白いが、途中不明確なところがあるので、意訳で書く。

即ち、味噌の性は平で、質は微温だが、これを食のたすけと思ったら大間違い。食へば大滋養であることはいふまでもないが、諸痛、諸腫、切傷などの外部疾患にも大妙薬。その患部に味噌を敷き、大きな艾《もぐさ》のお灸をすゆると、肌も痛めず能く散らし、能く温《ぬく》もりて、患部の痛みを止《とど》め、これを収むる効能あきらか。

故に城塁軍陣でも、味噌の貯蔵こそ勝軍の備へだ。一般の家でも同じこと、もしも失火の時などは、火事泥を練ってゐる暇はない。味噌で土蔵の窓の目塗りをすれば、猛火も味噌にはかなはない。だから味噌を蓄へて、併せて香の物（味噌漬）のうまいのを食べることは、この世の王侯の生活である。味噌を持たぬこそ、非民の哀れといふべきである。（以上）

五十歳を過ぎた私には、年毎に面白さ有難さの深まる歌である。

毎年秋になると、田の畦道《あぜみち》から大豆が採れる。九州の豊後《ぶんご》では、これを畦豆といふ。田植がすむと田の畦《あぜ》に大豆を播く。せまい土地を有効に使ふのだ。このあぜ豆は、畑で作るのよりも収納の量が多いのである。これをたいてい味噌豆に煮る。

いま急に思ひ出したが、この畦豆を、青いうちに食べることがある。お月見の晩である。月見の晩には、焼米《やきごめ》、栗、藷と芋、それに枝豆を箕《み》に並べて臼《うす》にのせ、庭の中に出して、お月さまに献《ささ》げる。このお供《そな》へを、月盗みと云って、男の子たちが盗みにゆくのだ。勿論とがめられたりしない。泥棒が来ると、家の者はいそいで家に引っこんで見ないやうにする。ただそれだけのことだが、それが奇習になってゐて、盗まれることを徳としてゐた。

そのときに、その畦豆のゆでたのをはじめて食べる。お月様の御相伴《ごしやうばん》である。私の母は、私たち兄弟に、その月盗みに絶対ゆかせなかった。土地のならはしでも、あんなことは不可ないと云って許さなかった。それからこの未熟な大豆の青豆を食べることを好まなかった。腹にもよくないし、収納して味噌や豆腐にする物を、未熟のうちに食べることは良いことでないと決めてゐた。そのことが心に染みついてゐると見えて、私は酒席で出される青いサヤ豆は、どうしても食べる気がしない。無理に食べると、きっと腹くだしをする。良いくせだと思ってゐる。

秋の米の収納が終って、農家が「やれやれ」と、一段落の息を吐《つ》いてから、豆焚きになる。十二月ごろから正月にかけてである。台所の大釜の下には、大人の太股ぐらゐな丸太が投げ込まれ、火をどんどん燃すのだ。小学校三年の暮頃であった。私は四つ年上の兄といっしょに、この火焚きをいひつかって、兄弟でカマドの前に並んで、睾丸《きんたま》をあぶってゐた。カマドの中に、唐藷《からいも》（東京では、さつまいも）をくべて、

溜味噌の蓋明け。中の笊に溜った香の水
を汲み取って料理に使ふ。

大豆麹の出来上りの掛目をデータしてゐるところ

焼藷を頬張るだけでは面白くない。何しろ、あの大木が燃え盛るカマドの中には、大人の握りこぶしほどの紅蓮のオキが充満してゐる。藷のごときは、ほんの手前の熱灰の中でなければ、すぐ黒こげになってしまふ。

鍛冶屋の指斬り

「おい、鍛冶屋をやらうか」

私が云ひ出したか、兄が云ひ出したのかは忘れたが、兄弟で鍛冶屋をやることになった。草刈鎌の首の折れたのがあった。それをカマドの中で焼いて、首の焼きつぎをしようとしたのである。

もちろん、鍛冶屋の使ふ鉄敷《かなしき》や太鎚《ハンマー》などない。農家であるから藁打場がある。土間の片脇に、平らな石を据ゑ込んであるのがある。また藁を打つ木槌の大きいのがある。それだけの道具で、折れた鎌の首をつごうといふのだから無茶である。兄は、

「鉛《なまり》でつごや」

と云って、投網の重りについてゐた鉛を一つ持ち出した。魚釣棹《さを》の吊糸のシヅミに切ってつける用意の鉛だ。これを三つぐらゐに切って、釜の下で焼きとかし、鎌の首をつごうといふ寸法だから、土台から幼稚《ようち》無鉄砲な遊びだ。

大麦麹の出麹を台から取り出す

「よし来た」

私は折れた鎌の刃さきと首を持って来た。兄は鉛を台所の入口の、大戸の敷居の上に載せた。私は折れた鎌の刃先を右手に握ってその刃の下に鉛を当てて、鎌が倒れないやうに鎌の先をしっかり握ってゐた。

「いいか打つぞ」

兄は、藁打槌を振りかぶった。私は鎌を強く握って鉛の上から動かぬやうに鎌の刃を当ててゐた。兄は力まかせに、鎌の背を叩いた。その瞬間である。

「あいたア、手が切れた」

と叫んだのは私である。右手人指と中指の第二節が、みごとに骨まで切断されて中指がぶらりとさがった。裏側の皮膚だけが、辛じて残って、指がつながってゐたのである。

さらに、隣の薬指と人指も第二節の骨を半分切って指が口をあけてゐる。痛いの、痛くないのといったらない。それに血が吹く。鉛には傷もついてゐない。私の指の方だけが、鉛よりも高かった上に、たたき方も鎌の背中のまん中を叩いたので、刃のせまい先の方に力が加はり、そのため私の指だけが切れて鉛には傷もつかなかったのである。

手前みそ（3）

蝮《まへび》の皮と味噌

「どうしたか?」

カマドの後で、大シャモジで味噌豆を煮てゐた母が、戸口ばなに出て来た。

「見しい」(見せろ。といふこと)

私の二の腕をぐいと摑んで、

「ほう、骨も切ったのか」

と云って、私の顔と傷口を等分に見分ける。

「泣かんのか？　馬鹿、泣け」

と母に催促されたが、とても泣けない。母は私の掌を左の片手に載せて、右手で手首の血管を押へて、斬り口を睨んでゐた目を兄に向けた。

「この馬鹿。弟を片輪にするつもりか。槌を置け」

兄は失神したやうに、驚いて気が転倒してゐる。母に叱られて、やっと槌を置いて私の傷口をのぞいた。

いまにも泣きさうな顔で立ってゐる兄こそ涙をいっぱいためてゐる。

「廂下《ひさしした》に刺してある蝮《まへび》の皮を取って来い」

「あい」

と云って、兄はいそいで外に出た。

その泣きかけた哀れな顔相は、今でも私の目の底にひそんでゐるが、たいへんな心配と反省で、ただおろおろしてゐる。母は私の手首を大きな右掌で摑んで、脈を診《み》ながら血管を抑へてゐたが、顔を伏せたと思ふと、犬のやうに私の指から吹き出てゐる血のりを舐めとってしまった。

そこへ兄が、竹串に巻いてあった蝮の皮をあわてた顔で持って来た。

「持って来た」

兄は母に蝮の皮を差し出した。母は、

「ほら、血がとまった。ここを力いっぱいに押へちょれ。ここをはなすと血が吹き出るぞ」

と、兄に私の手首の血管を摑ませておいて母は云ふ。

「石炭酸はあるけんど、斬り傷には染みて痛い。親の唾にまさる妙薬はないわい」

今にして思へば、母は右手の左側を走ってゐる尺骨動脈をちゃんと心得てゐたのだ。

その脈の上を、兄に両掌でつかませておいて、母は犬や猫のするやうに、さらに血のりを脱脂綿を持って来て拭ったやうに綺麗に舐めとって、私の中指の骨と骨との切断面をつき合せ、中指と薬指を二本いっしょに、蝮の皮でぐるぐる巻いた。そして長持から新しい日本手拭を出して来て、指に割箸をあてて、指が曲らぬやうに手拭を引きさいて巻きつけた。そして、その右手を、私の首から釣ってくれた。

「指を動かすと、骨と骨が食ひ違《ちが》って、曲って接《つ》くぞ。手首から先は、ちっとも動かしちゃならんぞ。これから粟餅の黒焼を、ねり薬に作って、骨が早くつながるやうに包んでやる。怪我をする奴が一番の親不孝モンぢゃ。母親の慈悲で、指はつないでやるから、二度とふたたび、こげなバカなことはするんぢゃ無《ね》えぞ。貰った体に傷をつけることが、いちばんの親不孝ぢゃ。熱が出て苦しかったら、アンサ（兄様）に代りに泣けと云ってやれ」

大きな、丸い目玉で睨まれた。少しも慌てない気の強い母であった。

その当時、母のイトコに当る人に、江藤相馬と云ふ名医がゐられた。母の両親の世話を受け、母の生家で開業した人である。

この名医は、ことに外科が得意であった。後に県道端に医院を開業して産を積んで、そのころは、金山に夢中になってゐた（遺児、江藤亨博士も、その妹寿子も共に医学博士だ）。

「相馬さんに診て貰ふたところで、することはこれだけのことぢゃから、わざわざ頼むにゃおよぶまい」

そんなに云って、母は味噌焚き竈《かまど》で、粟餅のコチコチになったのを黒焼にして、擂鉢で粉にした。それに種油を入れて、スリコギでよく練った。

それを、蝮の皮の外から、右掌の表裏にべっとり塗って、手拭のハウタイでくくって呉れた。

それは、ギブスの役目を果すだけでなく、すごい解熱の働きをするので、痛みが少くなった。さらに、肘から手首までの腕に、一番古い四年味噌をべっとり塗ってボロで巻いてくれた。これがまたうづきや熱どめの良薬であった。

それにしても蝮の皮が、解熱作用をどうして保ってゐるのか、私には良く判らなかったが、蝮の皮で巻かれた部分は、指肌が白く引き締ってゐた。

ここで思ひ出すことは、カサカサに乾いていた蝮の皮が、切瘡《きりきず》に巻いたら、いま剝《は》いだ皮のやうに生々しく生き戻ったことだ。これで、蝮の皮が不死身の性分を持ってゐることだけは判った。

殺生を忌む母は、絶対に蛇も殺さなかった。夏の朝の草刈りでは、毎日のやうに蛇に出会ふが、母は「早く退《ど》かんな」と云って、逃げるのを待つのである。そして、自分は殺さないが、他人が朝草刈りに行って捕って来た蝮の皮を、味噌と取り替へて軒先に干してあった。

一年か二年のうちに、それも、あるかないか判らない不意の事故に、年々新しい蝮の皮を備へてゐた。それが私の指切りで、はじめて役に立ったと母は云ってゐた。粟餅も同様で、救急のために一年中保存してゐた。ここで兄は、もう一度叱られる。

大豆の煮汁（あめ）を汲み取って貯蔵して，あとで味噌に入れる

釜の中で大豆を練りつぶしてゐるところ

「生れが片輪でない弟を、片輪者にする馬鹿があるか」

母は、さう云って、私に、今まで、一度も学校を休んだことはないのぢゃから、これくらゐでは休まれんぞ。本はアンサ（兄様）に持ってもらって、学校にはゆくんだ、と云ふ。

私は蒼《あを》い顔をして、一里の山道を、腕を釣って一日も休まず学校に通った。本も自分で持って、決して休まなかった。

学校まで四キロ、一里の道を毎日通ったのだが、そんなに苦労には思はなかったのも、育つ盛りの元気があったのかも知れない。自分が老人に近づいて思はれることは、「学成り難し、今日の少年、明日はぢぢばば」といふ母の言葉を思ひ出す。腕にぬられる除熱薬《ねつとりぐすり》を、取りかへるたびに母が、「この子の骨をつないでやって下さい」と祈念して、ナムアミダブツと称名されてゐたことも思ひ出す。これが本当のお慈悲である。

手前みそ（4）

中指の落伍

大正十二年。震災の年が、私の徴兵検査であった。東京で受けやうかと思ったが、蒼っちょろけた都会人が、九州男児の中で検査を受けたら、甲種合格にはなるまい。故郷でなら、ほかの奴が揃って逞《たくま》しいから、東京で苦学してゐる栄養不良の蒼垂《あほたれ》の自分は、乙種になること必定。それに自分は子供のころ、味噌焚き釜の前で、右手に大怪我をしてゐる不具者だ。

右の掌をのばすと、四本の指は、さっと開くが、中指だけは落伍して、しばらく後からでないと伸びない。

しかも伸びる時に音がする。クツッといふイヤな音である。この不具者では三八式の歩兵銃の引金を引きにくい。だから乙種であらう、いや丙種ののぞみもある。如何に世の中が天皇の軍人を崇拝する時代であっても、私は公認殺人隊はのがれ度い一心《いっしん》であった。

軍神広瀬中佐が、わが故郷の、しかも先輩であっても、私は兵隊にゆくのがイヤなために、折角、故郷に帰って検査を受けた。

私の故郷は今の竹田市である。狐や狸の市で、市街はスリ鉢の底みたいな竹田町と、少しはなれた一本筋の玉来町だけで、あとは全部農村だ。竹田市は旧岡城の城下町だから古くて趣がある。人物では田能村竹田、広瀬中佐などが人に知られてゐる。

この竹田町の小学校の検査場で、軍医に、中指のことを極力説明して、右指のくっ伸運動もしてみせた。

軍医は、ろくに診てもくれずに、

「小銃の引きがねは、人差指で引くんだから、中指のそれくらゐはヨロシイ」

と云って、私を暗室に連れこんで、指はそっちのけで目ばかり検査する。そして最後までのこされた。

指よりも近視眼の軽いのを重視してゐるらしかったが、

「この程度なら、眼鏡をかければいいんだ」

で、甲種のパリパリで、合格させられてしまった。

母は、「カタワになってはゐなかったのか」と云って喜んでくれた。かたじけないやら、残念なやらの気持であった。

私はそのとき、日本大学に在学中であった。一年志願をする百八円の金がないので、いやでも学業途中で入営しなければならない。学業途中の入営は、苦学生（アルバイト）にとっては痛恨事であった。

その頃の制度で、百八円出せば一年在営で少尉になれた。それもあきらめて二年在隊の普通兵である。

大量の大麦に種麹《もやし》を種付してゐるところ

手前みそ（5）

土産《みやげ》の味噌漬

軍隊を出て、東京朝日新聞にパスしたので大正十五年三月一日に学業を捨てて入社した。朝日にはいった翌年の春、世話好きな奥さんにおだてられて、結婚して板橋に家を持った。その翌年の六月に、寛子《ひろこ》が生れた（私には、子供と名のつくのは、この女児一人きりだ）。その翌年の二月の末に、郷里の母が孫の初節句にお雛様を買ってやるといって、故郷から、私の指を叩き断った兄をお伴に連れて上京してくれた。三井、三菱にも劣らぬ大朝日に就職したといふ報知を、「ヒトに嫌はれる新聞記者なんぞにどうしてなったのか」と、少しも喜ばない母が、その吾子の実態も見届けやうと思って、兄を連れてやって来たのだ。

八畳、四畳半、三畳。それに台所だけのささやかな家賃二十円の借家に、まず母は眉をひそめた。私にとっては、これでも大邸宅のつもりだったが、母から見れば、予想どほりの哀れなものだ。それかと云って、そのとき昇給して、やっと百円足らずの私では、これでもたいした大邸宅の気構へである。私と前後して入社したもので、一戸を構へてゐたのは私だけで、私より給料の多い者でも、まだ池袋界隈《かいわい》の新開地で間借りをしてゐた（七、八十円の同僚たちはである）。

新聞記者当時の御大葬参加の著者

母は着いた翌朝、台所でおもむろに土産物の荷物を解いた。白米四斗（当時自由）、味噌漬一樽、ゼンマイ、ワラビ、椎茸（乾物）、そのほかズイキ、干大根等々の大荷物であった。

母はそれらを一坪半の台所にはこんで、所せましと並べ立て、あたりを見廻してゐたが、小首をひねりながら、

「こんなことかも知れんと思ったが、割にようやっとるな。これと判って居れば、味噌も一樽ぐらゐもって来たのに」

とつぶやいた。

それは如何にも、フビンを含む哀れな云ひ方であった。兄が聞きとがめて、

「だまってゐなさい。あとから送ればいいんぢゃろ」

と、ひくい声で叱った。

私と妻は顔を見合せて聞いてゐた。それは母から見れば、如何に新世帯とはいへ、寒々とした台所だ。母は兄に一喝されて沈黙して、四畳半の茶の間に来た。手には味噌漬を山盛りにした丼を持ってゐる。火鉢の側の小さな食卓にそれをおいて、私にいふのだ。

臼も杵もあるので原始的な大豆搗き

大豆麹の出麹。たいへん良好な成績

「お前が古い味噌漬が好きぢゃから、四年物をうんと持って来た。ほら、これは唐辛子と石豆腐だ。まあ食べて見なはれ。お前の好きなものばかりぢゃ。それにしても、あれだけの味噌漬を、あのままにはしては置かれん。どうやら味噌も買ひ食ひの生活《くらし》らしいが、当分味噌など作れんぢゃろ」と云はれたので、「私は作りたい、また教へて下さい」と願った。これから私の味噌づくりは東京で母仕込みで始まったのである。

「都会の月給取りが、何で味噌なんぞ作れるもんか。大臣衆《がた》でも買ひ味噌をすっちょんのぜ」

兄が、云ひながら台所から戻って、母の脇に坐り込んだ。

「それは大昔の非民衆の話ぢゃないのか。今の大臣衆《がた》なら、そげな日暮しぢゃアさぞかし心労なことぢゃろ。都会の女子《をなご》衆《しゅう》は、こげな沙汰をちっとも気にはかけなさらんのか」

どうにも、現代の社会状勢を解しかねてゐる母である。

「こげな（このような）沙汰」

とは、前後の言葉から押せば、こげなはそげなと来るべきだが、そをこと来たのは、私の新世帯のことをいみじくも、こで表現したのだ。昨夜と今朝で味噌が切れてゐることは、台所をじろりと睨んだ一睨みで見破った母である。

「女子衆《をなごしゅう》が、お気の毒でならんけんど、これが精いっぱいの生活《くらし》なら、これも、しやうのないことぢゃ。こらへて貰はにゃならんわの」

私にいふのだ。男の甲斐性がなくて、味噌も作れぬやうな生活なら、女房に辛抱して貰ふよりほかに術《すべ》はあるまいといふ意味だ。

しかも、母の顔は実に暗然たるものである。私は視線のやり場に困って、母の手になった味噌漬をつまんだ。柚《ゆず》のセピア色に漬かった一切れを口に入れて、子供のころを思ひ出した。言葉でも筆でも現はせない郷愁の味である。

温いご飯に添へて食べたら飛切り上等な味である。また一口食べたあとのお茶の味が、また格別な高雅な味である。

「うまい。ありがたいなア」

と感謝した。すると兄が、

「この家でも味噌を作る気になれば、作れないことはないなア。この座敷の床の間の裏に廂《ひさし》を出せば、いい味噌倉になる。四斗樽十本は楽に置ける。けんど、いそがしい新聞記者のお前には第一暇《ひま》もないぢゃろ」

暇? なるほど暇はない。しかしないといへばないのが暇で、利用すればいくらでもあるのが、また暇である。

「作り方なんか知らないんでせう」

横から女房が笑ひながら云った。女房は私の生ひ立ちや育ちを知らないから、一般世間の男どもと同じに思って嘗めてゐやがる。

「それあ、知ってますよ。指まで切って、念入りにおぼえ込んでゐる子ぢゃからなあ」

兄が私の右手に目を移して笑った。女房はそれも知らないから意味がわからないので、母の顔を見てゐる。私は右掌を一度開いてみせて、次に握って見せた。つくった拳骨の中指がやや飛び出してゐるのを、女房ははじめて知ったのである。

「もう、どうもないな?」

と母に聞かれた。母はその昔のことを思ひだして私の手を見つめる。

「御大葬の晩に、夜どほし寒風の中で働いたので、その時は中指がちょっと動かなかった。オーヴァのポケットから手を出して、鉛筆を持たうとしたら、ちょっと、この中指が伸びおくれたが、それ以外には別に何ともありません」

落伍しなくなった中指を開いて、母に見てもらった。大正天皇の御大葬の夜は実に寒かったのである。

「お前の指を叩き切った時は、もう味噌焚きも止めにしやうかと思った。それかと云って、お前が片輪になっても、やっぱり味噌だけは止める訳にはゆかんので、味噌の仕込みの季節になると、あの子の古傷が、どうぞ痛みませんやうにと拝んで来た。それくらゐなら、まあ、こらへて貰はにゃならんわい。目を放せないイタヅラぢゃったから、ちっとは薬にもなったろ」

母は私の手をとって、右中指と薬指を撫でたりつまんだりして見てゐた。

「これがなあ、骨が切れて、あんぐり口を開けてゐたのに、よく接《つな》骨ったもんぢゃのオ」

と云った。親といふものは慈悲ぶかいものだ。感謝の涙がこぼれる。

私はこれで決心がついたので味噌を始めた。

手前みそ(6)

味噌は生き物

「ほんとに、作り方、知ってますか?」

家内が私に聞くのである。

「知ってはゐるけど、第一臼《うす》も杵《きね》もない。大豆を煮る大釜もないし。糀《かうぢ》の仕込みはどこでする。座敷の畳をあげてやるか」

私が云った。兄が笑ひだした。

「夫婦と赤ん坊の三人暮しで、いったいどれだけ仕込む算段《つもり》な?」

「兄様《あんさ》、四斗樽一本ぢゃ少いか?」

私が云った。

「四斗樽一本は、二十二、三貫ぢゃ。夫婦ぢゃ食ひ切れんぞ」

「ぢゃあ、こころみに二斗樽一本も仕込んでみるか」

「さうだな。夫婦の一年分ならそれで充分だ。だけど、なんぼ見覚えて居っても、子供のころのことぢゃから、少しづつ自分の手塩でためすがいい。家に伝はった味噌つくりぢゃから、大豆五升ぐらゐから始めてみるがよいぜ」

母が云った。

「それくらゐなら、臼も杵もいらないよ。飯炊釜《めしたきがま》で一升づつ大豆を煮て、釜の中で連木《れんぎ》(すりこぎ)で搗《つ》いて、塩を合せて桶に入れておいて、また次を足せば五へんで、大豆は煮えてしまふ。それに糀を二十枚も買って来て、搗き混ぜておけば、それで終りだ。大豆に対して、糀が多いほど早く食はれる。五升大豆に、二十枚なら少い方ぢゃないから、今月(二月末)仕込めば、梅雨を過ぎたら食はれる。今年の仕込みを今年食ったら、お母さんにゃ叱《しか》られるけど、東京の買ひ味噌よりは美味いからなあ」

兄の言葉が終って、ちょっと経ってから、

「そんなに兄《にい》さん、東京のお味噌はまづいですか?」

と、家内が聞いた。

「食べられんです。今朝がた、お母さんと、そこの前のいろいろ屋（乾物屋）に行ってみました。煮干や漬物や塩魚を売ってませう。あの店で東京の衆《し》は、五銭がなだの、十銭がなだのいふて、味噌買ひに来るんぢゃな。こっちが恥かしいから、脇の方から、立って見ちょりました。なんちゅうなさけねえことか？　味噌を一握り買ふなんちゅうこたア、ミサゴ谷の乞食《こじき》も同然ぢゃ。わたし達にゃ考へられん」

　ミサゴ谷といふのは、私の故郷の町、竹田市竹田町のあるところだ。そこに、いつも乞食がゐるので、さう云ったのだ。

「それで、いったい、どげな味噌を買ひよるか、物はためしぢゃ、ちょっと味を見ちゃらうと思ひましてな、二銭出すから、そこにある味噌を二通り、指のひと先でいいから舐《な》めさせておくれちゅうて頼んました。お母さんと二人で舐めてみましたが、お母さんは、もどり道で、

（あれあ、牛馬の飼料かも知れん。東京ちゅうところは、物売りの方が才覚者《さいかくしゃ》で、才覚のありさうに見ゆる買《か》ひ人《にん》の方が、却って牛馬あつかひを受けちょんのぢゃ。牛馬の飼料など買はされて、どげえするか。

　それにしても、この家《うち》で今朝たべた味噌は、信州味噌とかいふことぢゃったが、信州と云へば善光寺様の土地ぢゃが、あっちの者《もん》も、東京者《もん》を牛馬なみに考へちょんのぢゃな。この子は〈私のこと〉子供の時に、家を出たから、生れた家の味噌の味を忘れたんぢゃろ。おぼえて居るなら、あげな、水で割って、牛馬にのませる雑穀《ざっこく》味噌は食はん筈ぢゃ。たしかに味を忘れちょる。

　その証拠にゃ、いっぺんも、味噌を送れといって来たことがない。何と可哀さうなことぢゃねえか）となあ、前の空地で、しばらくなげいて居りました」

　兄は、私をまったく牛馬扱ひにしてしまった。家内が、

「さうしますと、お土産《みやげ》にいただいた味噌漬を、酒屋さんから、味噌を届けて貰って、漬けておかうかと思ひましたが、東京の買ひ味噌では駄目でせうか？」

　家内が、心配顔で問ふたのである。

「それあ、止《や》めちょくれ。――あげな味噌に漬けられちゃ、たまらん。味噌漬といふものはなア、樽を替へたら味が、ぐらっと落ちる。味噌といふものは、あれは生き物ですから、

この樽で育った味噌漬を、こっちの樽に移したりしたら、もう肌ばなれがおこって、味も落ちるし、わるくいぢられると、味噌を死なすことさへある。

だから下手なことをせんで、ぴったり味噌漬を押しつけた上に、丸ぶたをして、上に押し石をのせておくのが最上です。味噌がたっぷり付いちょるから、当座の貯蔵は安全です」

「はじめて、味噌が生き物だといふことを知りました」

家内は頷いた。

「東京育ちの者《もん》は、そんなことは知らないよ。味噌が生き物だな

いよいよ仕込みに当って，原料に応じて塩をはかって正式に仕込む

んて判るかい」

私が云った。女房をくさしたのではない。東京女の一般論をいったのだ。

「味噌といふものは不思議なもので、大豆を煮て、搗いて、塩を入れて、糀を混ぜるだけのことぢゃけど、一年より二年。二年より三年。四年経っても五年経っても、ずんずん育つ。人間と同じことぢゃ。

人間でも、すぐに智慧どまりする者があるやうに、育ちが悪いと味噌も育ちがとまって腐る。それが生き物の証拠ぢゃ。生き物の証拠にゃ、糀は何年でも沸《たぎ》りつづけて居る。

あの糀といふものは、寝せておくと花が咲く。あの花が酒にも化けるし酢にもなる。また甘い酒にも化ける。味噌桶の蓋を取って、じいっと見て居るとよく判るが、味のうまい味噌ほど、味噌がきらきら動いちょる。ところが、そこらの売り味噌は、きらきらの光が消えて、死んでしもうちょる。このきらきらが味噌の精ぢゃ。

味噌汁を作る時に、いつまでも、ぐらぐら煮返すのが都会の人ぢゃ。味噌を知らんからぢゃ。あれは味噌殺しといふて、味噌の味を殺すんぢゃ。味噌汁は、ひとぐらつきといふて、ぷうっと一沸《ひとわき》来たところで火をとめるもんぢゃ。

さうすると、汁の味が生きがよくて美味《うま》いのぢゃ。さめた味噌汁の温め返しは、もう値打なし。死に味噌を煮返すんぢゃからうもうない。

汁の実にする固い物は、藷《いも》だとか大根なんぞは、煮干などのだしといっしょに煮ておいて、最後に味噌を入れて、ひとたぎりで火を止めてから、三つ葉や芹や、ネギなどをパッと散らすのが最良のやり方ぢゃ。

椀についでからネギや三つ葉を落す人があるが、青味は、鍋の中。香味のサンショの葉など、そのたぐひの物なら椀おとしもかまはぬが、ほかの青味の物を椀おとしにすると灰臭い。

ひとわきの味噌汁は、まだ味噌が死に切れずに、三、四分かたぐらゐは生きちょるから、いきいきした味ぢゃが、たぎらかし過ぎた味噌汁には、生き生きした味噌菌がゐないから喰はれません。不思議なもんぢゃと、思ふかも知れないが、これが当り前です」

ここまで聞いて、私の味噌作りは決心がついた。それに、味噌を作れば母が安心してくれる。母に安心をして貰ふだけでも、子としては何よりの孝行だ。

私はかうして、朝日新聞の記者などしてゐたが、これは一

米麹味噌に漬られた三角家伝の卵の味噌漬。これは八年目の物だが、古くなるほど卵の玉が硬くなる。卵の身がかたまるには独特の秘伝がある。

火を燃し止めたら炭火で調子を見ながら梶を取る

旦出家した沙門をやめて、還俗《げんぞく》の形をしてゐたが、これは俗人に返ったのではない。大分の山の番僧坊主では、第一漢語経の棒読みしか出来なくて、釈尊の経意を知ることが出来ないので、東京に出て、学徳の人に出会って、善知識の師を得る方法として新聞社にはいったのである。

このことは、母の許しを得てゐるのだ。知らぬは女房だけであった。だから今日あることは、亡妻が死亡直前に知ったことで、入社当時は知らなかったのである。

でも死亡の前年、亡母願力院を開基にして母念寺建立の式典を挙げた。私の法衣姿を見られたことをたいへんに喜んで死んだ。

亡妻がまだ生きてゐるうちでよかったと私も喜んだ次第だ。

手前みそ（7）

夫婦で味噌作り

大豆を一升買って来た。ボール箱の一辺をとって豆ころがしを作り、コロコロ転がした。水に一昼夜漬けておいたら、大豆が膨《ふく》れて二倍になった。

「大豆っていみる（ふえること）もんぢゃな」

といったら、母が、

「いい大豆ほどいみるんぢゃ。干しのいいのは一升が二升三、四合にもなる」

と、教へてくれた。

水でふやけた大豆を、煮る前の水洗ひにかかったら、皮が全部外れていた。

「この皮は惜しいな」

といったら、

「それは水に浮かして、すくひ取って、一緒に煮てもいい。皮を入れずに煮れば、白味噌が出来るが、皮も一緒に煮ると、多少黄味がさす。味には変りはないのぢゃし、もったいないから一緒に煮た方がいい」

と、教はった。

時にと考へたのは、豆を煮る釜のことであった。夫婦きりの新世帯には一升炊きの、アルミの釜しかなかった。

家内に聞いてみると、当時夫婦で、月に米が一斗まで要《い》らなかったといふ。如何に少食の夫婦であったか判るだらう。随って、釜なぞは一升炊きでは大きす

ぎたのだ。

大きすぎても、一升だきでは、水でふやけた二升の大豆を煮ることは出来ない。よし、大奮発。三升炊きの蓋つきの鍋を買って来た。

そのころの、東京郊外の板橋町には、水道もガスもなかった。庭の土を掘ってクド（かまど）を作ったのである。

大豆の煮える匂ひは乙な香である。朝から煮かけて、夕方は煮え上った。それを擂鉢で搗《つ》いて、六合の塩を合せた。これを六合塩といふのである。

母に聞いたら、生大豆一升に対する塩を何合塩といふので、水でふやけた一升当りをいふのではない。

それには、四合塩、五合塩、六合塩、七合塩、八合塩と、それぞれ好みと目的による塩加減があるが、早く食べたいと思ふなら、塩を少くするし、三年も四年も置くつもりなら、塩を厚くしなければならぬと教はった。

それに、うまい味噌漬を作りたいなら、少くも七合塩でないと、おもはしい味噌漬は作れない。とも教はった。

大豆を搗き終ったら，そこへ麹を搗き込む

手前みそ（8）

ドベラヲナゴ

まづ第一回の豆炊きは終ったが、一升の豆ではママゴト　よ」.
だ。それで二回、三回とつづけて、五升の大豆を五日かかって五回で煮上げた。五升が一斗以上になったのだから面白い。それに三升五合の塩を合せて、二斗樽に仕込んだ。

次は糀だ。糀の作り方を母に聞いたら、詳しく教へてくれたが、これは作るよりも、買って来た方が手軽なこともわかった。そこで朝日新聞社の帰り途を、神田の明神前の糀屋に廻った。

「へえ、それはお若いのに、感心でございますな。ところが東京ではでございますな、大麦や小麦の糀は、御注文をいただいてからでないと、用意はございません。米糀なら只今お間に合ひますが」

と来た。帰って母に聞いたら、

「米糀で仕込むと、あまったるい味噌になって、胸につかへるが、都会の衆《し》は、何でも米なら上等と思ふちょるから、米糀をためしに使ってみるのも良からうが」

といふ。兄は、番匠矩《ばんじゃうがね》(大工の曲尺)やノコギリやカンナを縁先に持出して、お雛様の雛段を作ってゐた。その兄が母の言葉を受けとって、

「米糀の味噌は、ドベラヲナゴの味だ

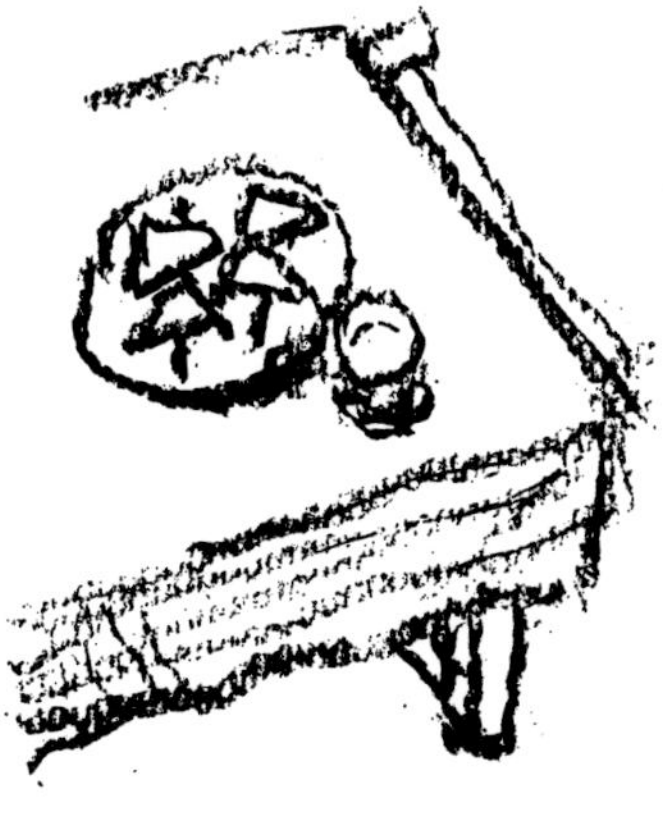

よ」と云って、カンナをひとすべり、しゅっと走らせ、腰をのばした。

「味噌糀は、何と云っても大麦か裸麦だ。次が小麦で、下等が米だ。味噌漬を作るのには小麦糀が一等だ。わしは小麦味噌が好きぢゃがのオ」

と来た。ドベラヲナゴといふのは、裾のしまりのない女性のことだ。

「大麦や裸麦の糀なら、特別の上味噌だ。小麦糀は、小股の切れあがった身上持ちの良い田舎ヲナゴの味ぢゃ」

兄は妙に女にたとへて味噌の性格を説《と》く。

「なあんの、さうとばつかりはいへん。糀の

仕込みのとき，原料の大豆と麹の合はせ方について，
量目を正確にするため計量を正しくする

沸き加減で味も変る。まあ、味噌の糀なら大麦は気がいい。塩との和《なご》みも大麦は悪うない。気閉塞《きごもり》を散らすから胸の気持が良い。やっぱり大麦が一番ぢゃが、東京にはそんな善い物はあるまい」

母のいひ方は専門家的である。それにしても、東京にはそんな善い物はあるまい――といふ。余程、店頭の味噌で東京者を見下げたと見える。私はそんな話を聞いてるうちに、どうしても大麦味噌を作らうと決心して、その足で神田に出かけた。午後七時ごろであった。明神前の糀屋に行って、大麦の糀をほ

しいと云ったら、果して、

「わづか二十枚では、ちょっとその」

と渋られた。

大麦七升ほどの糀を、ほしいと云ふのだから無理もない。それも、せめて一斗とでもいふのなら兎も角、半ぱな注文だから嫌なのだ。大麦の糀などを注文する客は来ないので、注文を受けて仕込むため、そんな半ぱはいやなのだ。

「ぢゃア、ドベラヲナゴにします」

「へえ？」

糀屋の主人公が目をぱちくりさせた。

「いや米糀でいいです」

私は不平面《づら》で、二十枚の米糀を買って来た。量《はか》ってみたら重量が二貫目弱で、枡量が約八升あった。

それを、塩合せをしておいた大豆の中に入れて手で掻き混ぜ、ぴったり平らに撫でつけてみたら、二斗樽の縁が二寸と空《す》かなかった。

この仕込み総量が、八貫に二十匁足らなかった。しかし、その表面に広コブ三十匁を冠せて貯蔵したので、いよいよ八貫を突破した。やっと仕込みが済んだので広コブの上に押し蓋をかけ、小石をのせて、その上から塩カマスを冠せ、まはりを荒縄でキュッと縛った。

（どうだい。八十五円のはかないサラリーマンでも、こと朝日新聞の記者ともなれば、自家製の味噌まで仕込むんだぞ）

そんなことを誰に云ったといふ訳ではないが、内心では妙な、ユタカなものを感じて嬉しかった。

味噌も大仕掛けになると麹棚も大きくなる

梅雨を過ぎたら一度舐《な》めてみるがいい——といはれてゐたので、梅雨明けと同時に舐めてみた。いやはや、その上味といったら、家伝の生家の味噌に一歩の遠慮もいらない味だ。

さっそく母に手紙を書いた。これからは毎年、欠かさず味噌を作ります。大麦の糀を送って下さい——とも書いた。母

からの返事がすぐ来た。

「まだ早い。正月の元日まで、食べないはうがよい。うまいと思って食べかけたら、年の夜までに半分も減るだろう。いま、うまく成りよる最中だから、カマスを冠せてよく飾っておきなさい。年の夜の夕方、正月用に少し出して初食ひにせよ」

とあった。

兄からも添へ手紙が来た。

「臼《うす》や杵《きね》、蒸籠《せいろう》、何でも送ってやる。味噌漬用の石豆腐も作ってみるがよい。正月には餅も搗《つ》け。引き臼、型箱、何でも送る。うまい味噌漬を作って見ることを忘れるな」

以上が、「手前味噌」はじまりの物語である。それにしても、今日の拙宅に味噌倉が出来るやうなことになるとは、私自身でも思はなかった。

今年も既に、小麦味噌二十四貫六百十匁（五斗ガメ）、大麦味噌三十二貫五十五匁（六斗ガメ）計五十六貫六百六十五匁を仕込んだ。目下製茶の時機が来たので、三十貫のお茶を作るが、これが済んだら、もう八十貫ばかり味噌を仕込む。

去年は、いろいろな雑務が多かったので、指揮もおろそかになったが、それでも百四十五貫、六系統の味噌を仕込んで、百余種類の味噌漬を仕込んだ。

たらちねは　くろ髪ながら　いかなれば
このまゆ白き　糸となるらん

金葉集

手前みそ（9）

味噌二百種類

昨夜、朝日新聞の天声人語子が論説子と共にやって来て、昇さん（伊藤論説氏）が

「この家には二百種類の味噌があるといったが、そんなにあるか？　僕は数十種類だらうといったが、どっちが正しい？　白状せよ――」

と迫られた。

「たとへば、元味噌が八系統あるとする。一系統を八種類ぐらゐに応用変化させて、さまざまの味噌を作れる。だから、八かける八でハッパ六十四種類ぐらゐはあるかも知れない。味噌漬なら二百種類は突破してるんだ」

といったら、

「いや味噌だ」

と荒垣君が云った。いまごろ昇さんと荒垣君は、また拙宅の味噌で論争してゐるかも知れない。

しかし、随分古い味噌もある。年々殖える一方だから、倉ざらへをしたら、あるいは昇さんの勝になるかも知れない。

尾三名物の麦味噌。岡崎の八丁味噌。名古屋味噌。飛騨味噌。信州味噌。越後味噌。仙台味噌。と、名のある物は、比較の必要上置いてある。試作と取り寄せた物と混合である。

変ったところでは、織部《おりべ》味噌。てっくわ味噌。ドロボウ味噌。魚鳥味噌。おらんだ味噌。支那味噌。ナンバン味噌。それに、茄子《なす》味噌、榧《かや》味噌。ラッカセイ味噌。榧味噌などは、黒ごまが混ってゐるので、食ひ道楽には面白い。またコブ味噌も試作してみたのがある。

このほかにも、酒席によく出る舐め味噌もある。温室づくりの胡瓜などにつけて出す粒々《つぶつぶ》の味噌だ。これは小麦糀だけで作る変則味噌だ。待合や料理屋では、不思議によく出るが、どうにも、うまいのに出遇ったことがない。入念に舐めてみると、だんだんまづくなる。仕込みの醤油もまづいが、

葉たうがらしの塩漬。季節に漬ておいて随時塩ぬきして漬込む

味淋《みりん》もまづい。その他の味付も下手だ。これには辛味料を使はねば駄目だが、それもはいってゐない。はいってゐても一種類しかいれてなかったりする。

西洋カラシと唐辛子を上手に合せて、酢を少し入れて、生姜《しやうが》とニンニクをすり合せ、この四つを煮出した汁を煮つめて、仕込みに使ふと、すごい上味になる。（これは秘伝の公開である）

ある有名な糀屋の主人が、舐め味噌は腐りはしないが、すぐカサカサに乾いて来る。そのときは、また練り直さねばならないと私に教へてくれた。ところが私の家のは、もう七年も経つが、少しも乾かない。作ってあるだけで誰も舐めないので、そのままになってゐるが、年々よい光沢を深めて、香気もよくなって来る。

この手前味噌の記事を、「週刊朝日」で読んだからと云って、東京都味噌工業協同組合の専務理事、伊藤信造氏が来宅されて、その舐め味噌を舐めてゐたが、「これは、これは」と云って、さすが専門家だけに、懐中から一寸四方ぐらゐなビニールの袋を出して、舐め味噌を入れて持って帰られた。

このやうに種々雑多な、味噌と名のつく物は、たいてい有るにはあるが、それはあるだけで、私はどれもこれも食べてゐる訳ではない。ただ比較研究に作ってみるだけだ。かく研究してみると、地方名物として名のある物に、それほどの味のあるものは、まず無いと云ひ切れる。やっぱり味噌は「手前味噌」でないと、うまいものは出来ないのである。それは明確な藝術だからである。

　地方名物として喧伝してゐるものは、商品であって、コストに縛られた完全なる商品であるから、藝術ではないのだ。藝術とは、マコトを植ゑつけたものをいふのだ。「週刊朝日」連載の「わが家の味噌汁」を拾ひ読みしても、買ひ味噌の話ばかりで、違ってゐる点は、汁の実だけだ。汁の実は、およそ口に入れられる物なら、何でも汁の実になる。

　植物と動物で食べられる物は、何でも汁の実になる。

　動物の中でも、ケダモノの汁の実はよい。私は郷里の豊後《ぶんご》と隣の日向《ひうが》の境の山の中で、猪《ゐのしし》の頭を味噌汁の実にしたのを食べたことがある。あの猪の頭を鉈で叩き割って、牙ごと大鍋に入れて、味噌汁の実にしたものだ。汁の実といふよりも味噌煮の方が正しい。どんぶりの鉢に注いだのを、左の手で丼を摑《つか》んで、右の人差指で、猪の目ん玉を抉《あぐ》り出して食べるのだ。こんな舌ざはり歯ざはりの豊かな満悦なものを、ほかに食ったことがない。

　これとて、味噌がまづくては味が出ない。要は味噌、味噌、味噌である。私が、これも「週刊朝日」の右の「わが家の味噌汁」で、私が味噌汁を書くとなったら、千枚でも書き切れぬ、と書いたら、荒正人氏に朝日新聞紙上でいたくほめられた。

　しかし、それは味噌汁だけの話で、こと味噌となったら、これはまた、わが家の味噌だけについても、千枚はおろか、一万枚でも書き切れることではない。

　それほどに味噌といふものは、日本人の血肉なのである。文化人を、いや、文明人を気取る人間は、すべて進化論を喜ぶ。然し、その進化論で、過去の学者が申し合せて忘れてゐるのが食物の項だ。味噌は人間進化の心臓であり、その背骨であり、血液だ。それ故に書くとなれば、一万枚でも書き切れない筈と思ふのだ。

　味噌漬玉子は母《も》念豆腐《ねんとうふ》と共に拙宅の秘伝である。豆腐もさることながら年数の経《た》つにつれて、硬さが強くなる。豆の主成分の味噌に漬ると同化してやはらかくなる物が逆作用を起して硬まるところが秘伝である。

手前みそ（10）

手前味噌の標準

さて最後に、手前味噌の標準だけを書いておく。その作り方は、初味噌《はつみそ》作《つく》りの段で、母に教はった通りだが、それを、昨年仕込みの、『母念《もねん》』第三号の㈠米味噌のデータでお知らせする。これは、セイロを使ったところが工程でちがってゐる。

昭和三十年七月二十一日仕込。

母念第三号の㈠（米味噌）

(1)生大豆一斗五升。五貫百五十匁。水漬上り三斗二升。十三貫三百匁。

(2)米糀六十枚。二斗三升二合。五貫八百五十匁。

(3)塩一斗五合。（七合塩——生大豆一升に対する割合）四貫二百匁。

右合計。即ち味噌総量、二十三貫七百七十匁。

七月十八日、大豆を水から揚げて大ザルで水を切り、午前十一時ごろ釜下に火を入れる。本三号の㈠号に限り、水煮せず、蒸籠《せいろう》蒸しとす。脱皮込み蒸し。二十日午後八時、第四番セイロにて蒸し終る。蒸し上りの度に、臼《うす》にて微塵《みぢん》搗きにして、塩を合せ四斗樽に詰む（セイロで蒸す必要なし。釜の水炊きがよい）。

二十一日朝十時、米糀六十枚を混合。広コブ煮とろかしを表面に覆ひ、樽肌に置塩して、丸蓋を冠せ、押石をかけ、ビニールで密封、上蓋して貯蔵す。

以下『母念《もねん》』第三号の㈡号より第㈥号までの味噌豆は、セイロ蒸しでなく、全部大釜の水煮であり、糀の量も、塩も、各号とも割合を色々に分けて仕込んだ。

また第三号の㈡号は六合塩で、三貫目のコブを煮とろかして、どろどろになったのを搗き交ぜた。また同第㈢号も六合塩で、これには辛味料や、かつを節の粉末を搗き交ぜて仕込んだ。第㈣号は五合塩で㈤号、㈥号は四合塩にした。

このやうに、いづれも加工がちがってゐるが、塩の薄いものほど早く食べられる。中には、大豆の皮を全部はづして白味噌にしたのもある。

かくの如くして、味噌漬も第八号まで、三斗ガメ乃至三斗樽に仕込んだ次第だが、昨年は、麦糀を全然使はずに、オール米糀で作った。

それで今年は、小麦と大麦で全部仕込む訳だが、味噌漬にする種物は、既に昨年から、今春にかけて、四斗樽八本に塩漬にしてある。この塩漬はこのまま食べても上味の漬物だが、これを塩抜きして味噌に漬込む。かうすると、味噌の味が落ちないのである。

昔から、味噌は米味噌が高級で、麦味噌は下級とされてゐて、今でも、それを信じてゐる人が多い。しかし、それは、大なる誤りだ。麦も精白しない物はダメだが、精白した麦を糀にすれば、糀菌が豊富で、滋養も、はるかに高いのだ。

それで私の家の「母念《もねん》味噌」は、麦を第一号、小麦を第二号、米を第三号としてゐる。吉田内閣の池田通産相が、「貧乏人は麦を喰へ」と云ってクビになったが、あれなどは麦の良さを知らなかった無知（智に非ず）から起きた失敗だが、知ってゐたら、「金持ちほど麦を食って、米食を控へろ、それが生命力の滋養だ」と教へられた筈である。

米が上級と心得てゐることは、哀れな見栄の誤りだ。学問をする者は、そんなバカな考へは捨てるべきだ。彼も所謂東大のエリート組だからあんな馬鹿を云って、最後は癌で死んだ。米食ひは癌になることも知らないエリートとは馬鹿の標本なのだ。

私は、ここに手前味噌を書いた。これを読んで「俺も一つ」と思ひ立つ同好の士が輩出することは喜ばしいが、これをもって、味噌商の方面から、商売の敵だ。味噌をそんなに作られてたまるかと、敵意をもつ奴が居れば残念である。

私は、よい味噌が大いに売れるやうにと願へばこそ、手前味噌にかこつけて、味噌の宣伝をしてゐるのである。

天下に棲息するサラリーマンの数は莫大である。その莫大な大衆に私はいふ。皆さんは、味噌など作らうなどと思はずに、大いにうまい味噌の適量を、味噌屋から買って来て、大いに新しい味噌汁を食べて英気を養って下さい。

またの日に、私は、「味噌の話」を詳細にする機会もありませう。では左様なら。

（今は亡き母を念《おも》ひつつ、昭和三十一年五月記）

たらちねは　いかにあはれと思ふらん
三年になりぬ　足立たずして
古今集

漬物談義

〈漬物談義〉

ぬかづけ

ほんとに、漢字制限ほど不快な事態はない。漬物といふ字もないし、糠づけといふ字もカナで、カメやビンやツボも、仮名で組まれる。ここでは事実において「感じ」が出ない。漢字は、その字自体に深い意味が含まれてゐて、その字で物の形まで判るが、カナで書かれると、余計な説明まで必要になり、文章もながくなってしまふ。こんなことを続けてゐると、昔の日本も読めなくなって、古来の日本は亡んでしまふ。

カメとふた

カメとは動物でなく土焼の貯蔵用器だ。カメはタルやオケに比べて、よごれも少ないし、掃除をするのにも便利だ。だから押石《おもし》を必要としない漬物には便利だ。とは云っても、焼の悪い物は塩気や汁がしみとほるので、カメを使ふ時には、よく調べて、焼の良い物を使はねばならない。梅酢やミソは特に滲透するから、十分ギンミしなければならない。

「ぬかづけ」はカメにするはうが良い。オケでもタルでも差しつかへないが、オケやタルは不潔になりやすいから、カメのはうが管理に便利だ（つけもの大学参照のこと）。

ところでその蓋《ふた》だ。蓋は共ぶたが良いと思ふかも知れないが、共ぶたは、毎日取ったり冠せたりする糠《ぬか》づけには不便だ。こはれやすいからである。だから糠づけ用には、蓋なしのカメを買って、板の一寸厚みくらゐのもので、据附《すゑつけ》の蓋を作るが良い。そしてカメのフチに当るところは切り込みにして、ぴったり冠さるものにしておけば、外から蛾《が》、蝿《はへ》などが忍び込む心配がない。

大きなカメになると、よほど広い板でないと、一枚板では蓋を取りかねる。

二枚合はせで作る時は、板の合はせ目がはなれないやうに、つぎ目を「ヤトイザネ」でつぐ。つまり差込みつぎである。さもなければ「サネツギ」といって、一方にオスのサネを作り一方をメスの溝にして、オスをメスの溝にはめてつぐのである。これを「サネツギ」といふ。

カサカサした糠づけ

私の家の「ぬかづけ」は、二斗ガメであるから少々大きい。毎日三十人近い人間を養ふのだから、二斗ガメぐらゐが適当で、したがって蓋も大きい。檜の一寸厚みで、渋塗りだ。一枚板では作れないので、二枚板をヤトイザネで合はせてある。

ところで、ここのところ「漬物を見学したい」といふ人がふえて来て、いろんな人が漬物見物に押しかけて来る。その人たちが、ことごとく、私の家の「ぬかづけ」の蓋を取ってみて、ぬかがパラパラに乾いてゐるのを不思議がる。同時に、酢っぱい匂ひや、俗に云はれてゐる〃ぬかみそ臭さ〃が全然ないのを見て首をひねる。

今朝も京都の井筒法衣店の福井といふ人が来て見て、「私の家内は、ぬかみそに手を入れると、一日中手が臭いから、いやだといって手を出さうとしない。だからダメなんです」と云った。私は笑ひながら、

「それはぬかみそだから臭いのだ。拙宅のは「ぬかづけ」だから、このとほりぬかの香がする。お宅のは「ヌカミソ」だからドブドブしてゐて、汲取《くみとり》人夫が来た時のにほひがするんでせう」

といったら、

「さうです」

といった。そんなのは、ぬかづけではなくて、俗にいふどぶづけだ。そんなに手に不快な悪臭が残るやうな物は、乳酸菌その他の雑菌がうじゃうじゃ雑居してゐる肥料だめと同じだ。

「どうすれば、こんなに香ばしい匂ひになるんでせうか？」

これはだれもが聞く言葉だ。私はそれに答へる前に、中からウリやナスやキャベツなどを出して試食させる。キウリなどは、その色彩が、原色（彩った時の色）以上に鮮かになって、つかってゐる。ナスは特に、むつかしいと云はれてゐるが、これとて原色を少しも、そこなってはゐない。

たしかに塩の利いた味であるが、その含み味は、舌と鼻だけでは容易に判定できない。そこで私は、その種あかしをする。

ぬかの炒り方

ぬかは「糠」だから米ぬかで、これを糠（こめぬか）と読む。純粋な糠であるから、昔からのつき粉など混入してゐない。その純ぬか一升に対して、塩二合、タウガラシ粉五勺を入れて、よくかきまぜてから大鍋で煎る（大量でなければ小鍋、小釜でよろしい）。

この煎り方にコツがいる。強い火で煎ると糠がこげつく。糠には油が多分にあるから、その油を、かま肌に焼きつかせて、消散させないやうに、弱い、ほどほどの火で丹念に煎る。気ながに、こね返して炒るうちに、だんだん糠が乾いてきて、こんがりとしたカバ色になって来る。

それをさらに進めて煎ると、家の外までも香ばしい匂ひが流れ出す。それは一つかみ口に入れたくなるやうな食欲をそそる独特な香気である。ここまで来た時に火をとめて、熾《おき》も掻《か》き出して、鍋、または釜に蓋《ふた》をして、蓋をしたまま自然に冷《さま》す。

かくして出来た煎《い》り糠なら、タウガラシさへ混ってゐなければ、その少量をガーゼに包み、キフスに入れて熱湯をそそげば、結構な米茶になるのである。

一見して判るやうに糠漬に汁らしき物はない。糠はさらさらと乾いてゐなくてはいけない

その冷めた煎り糠をカメに入れて、すぐ野菜のつけ込みをはじめるのである。が、漬物の味をよくするために、かねて用意の、タヒの骨粉や、切り昆布、ノリ、茶なども入れるも良い。このタヒの骨粉は是非入れたい。いつも食べるタヒの骨を捨てないで、天日で乾かして保管しておく。そして相当量たまった時に、素焼きの火消しツボみたいな物でむし焼きにして、こんがり程度

に焼けたら、スリバチか、それに類する物で粉にする。

私の家では石臼でひいて粉末にするのだが、目下使用してゐる糠づけには入れてゐない。味がよすぎて喰ひすぎるからである。その代り切り昆布やニボシの頭部やノリ、茶など沢山入れてある。ニボシの出し殻を入れろ——などと教へる人があるが、出し殻は害あって益はないから入れない方が良い。

糠が少しでも汁気を出したら布の袋でしぼって干板に干して
太陽消毒で殺菌して足し糠をしてさらさらさせておく

入れるなら、まだ十分味を持っているニボシの頭を、最初太陽に干しておいて、それをムシ焼きにして、粉にして入れると、乳酸菌の発生を防ぐ役にも立ち、カルシウムが多いから滋養も高い。

それから、ビールの残りを入れるとおいしくなると云って、盛んに入れる人もあるが、これも入れない方が良い。入れた二、三日はよいが、すぐに乳酸菌を発生させるのでやめた方がよい。

ここで、いつぞや、新聞に発表された大学教授の某女が、ヌカミソに貝の粉末を入れよ——といふ説には私は感心出来ない。あんな無味な物を、カルシウム摂取の目的で入れるなどは、すこし見当ちがひだ。野菜を割って漬たところで、貝殻の粉末を吸収することは少い。それよりも煮干や鯛の骨粉が、どれほど学問的にも合理的であるかは、その味が雄弁に語ってゐる。

〈漬物談義〉

野菜のつけ込み方

さて、野菜を右の糠床《ぬかどこ》につけ込むのだが、婦人雑誌やラジオや、近ごろ流行のテレビなどで教へてゐるやり方は、まづ野菜に、ちょっと塩をなすって、尻のはうから突っ込めとか、頭のはうから押し込めなどと物識らずの先生がいってゐる。これが土台からの誤りである。

キウリにせよナスにせよ、糠につけるときに、手の平に塩をつけて肌になすりつけられたら、やはらかい野菜の肌は傷だらけになって、塩を塗られた傷肌から、体液をタラタラ吹き出す。この果汁が糠をドブドブにする、そもそもの誤まりである。野菜、その物の体液を外に吐かせると、糠や味つけのカルシウムなどを吸いとるどころか、その果汁で変質させられて、吸収作用もやめてしまふ。だから、肌には決して塩をなすりつけてはいけない。

それをしないために、一升に対する二合の塩で糠床《ぬかどこ》を作るのである。入れる野菜は水で洗ったら、かわいた布で水気を切って、さらにしばらく風を浴びさせて、表面の水気を全く切ってしまふ。

また、味や滋養分を吸収させるためには、小さい物は二つ割、大きい物は三つか四つ割にして、その割り肌を、すぐ乾いたふきんを押しつけ、果汁を吹き出させないやうにして、その割れ肌を陽にあてて、個性に内蔵してゐる液質を陽に当てたり、風に当てて内蔵させる。それが主たる目的である。

かくして、全く表面の水気が取れた時を見計って、床《とこ》の糠に穴をあけて、そっと横に、楽々と寝せて、上から糠のふとんを被せてやるのだ。

ここで大切なことは、上からキュッキュッと押さないことだ。軽くおさへて病人を寝せる程度で止めておく。もちろん、表面は真っ平《たいら》に、ならしておく。

要は、漬物といへども魂《たましひ》ある物のごとくに、やさしく気込めて、いたはりながら、楽に寝せてやる気持でやることだ。かうしておけば、夕方六時か七時ごろにつけた物なら(夏なれば)朝食の時には、つかり過ぎたと思ふほどに良くつかってゐる。

そこで薄塩の好きな人なら、食べ時間をはかって三十分ぐらゐ早く出して、ひとつまみの塩の水にひたしておけば、塩はぬけすぎるほどにぬけて、鮮度のすばらしいものが食べられる。

　真夏の日中なれば、朝入れたのを昼食に食べ、昼入れたのが夕食に食べられる。江戸ッ子ごのみの野菜くさいパリパリした味である。

　このやり方なら決してカメの中に、あの人に嫌はれる糞尿臭は発生しない。それのみか、さし入れた手は、洗ふまでは香ばしい匂ひで食欲を呼び、洗ったあとは皮膚がつるつるすべって、拭いたあとの皮膚には艶が増してくる。

　俗に「ぬかみそ臭い女房」と云って、良妻のことを表現するが、私はいかに賢女でも、お手々が糞尿くさい「臭気のかいな」などいやである。

野菜は種々に藝術できるので，思ひのまま藝術して勉強する。勉強漬の一種

　元来、漬物は、「香の物」と云って、足利尊氏から八代目の将軍慈照院義政の室町時代に極度に発達したものと云はれてゐるが（起源はさらに古い）、義政の曾孫《ひまご》の万松院義晴将軍はいみじくも漬物を賞美して、やんごとなき方の御成《おなり》には、その「献立」を「御ゆづけ」にして「からの物」を主菜にして、御饗応申しあげたことが古書にのこってゐる。

　その当時の「女房ことば」として、漬物のことを「香の物」、または「香々」と云った。それが豊臣秀吉に伝承されて、文禄四年の御成にも「お湯づけ」で

「香の物」を差しあげた。だから漬物は室町から桃山の最盛時代を経て、今日も「香の物」だの「香々」の言葉がつづいてゐるのだ。

だから漬物は芳香でなくても、良香で食欲をそそる香のものであるべきで、手を入れても糞くさくない匂ひのする「香の物」でなくては漬物とは云へない。

ましてやその昔は、香の物はもっぱら「茶の湯」の菓子に

使はれたのだから風雅なもので、お香のごとく気高く奥床しくあるべきだ。

ついでに「ぬかづけ」を、臭気のどぶ漬や糠みそにしない秘伝を公開する。それは土用の強烈な日光に、糠床《ぬかどこ》を一年に一度だけ干すことだ。その(二)は、糠の中にシソ粉を少量入れておくことである。シソの主成分は、ホルマリンの二千倍に相当する防腐力をもってゐる。土用に干すのは雑菌焼殺で、からからに干しあげて、フルヒをとほして、またカメに戻すのである。

先日、秋場所の大相撲に、青山《せいざん》、高瀬通君から招待を受けて、戻りに福田家で私たち夫婦が夕飯をごちそうにあづかった。どういふ次第の招待か判らなかったが、食後、高瀬夫人から、「実はヌカミソの伝授を受けたお礼だ」と云はれてビックリした。いつ伝授したのか忘れてゐた。

高瀬夫人は、私に習ったとほり、糠づけの糠床の土用干を実行したところ、すごい匂ひで、女中さんが頭を痛くしたさうだが、やり抜いたら悪臭が消えて、とても良い糠づけが出来るやうになったと云って、たいへん喜んでくれた。若い人ならとも角だが、お孫さんのある奥さんが多年の馴れを打破って、よくやってくれたと思って、私も家内も喜んだ。

ここで一言しておくが、糠づけは糠の古いことが尊いやうに云はれてゐるが、決して古いから良いといふことはない。新しいほど糠には栄養がある。

しかし、新しいうちは馴れ合ひが悪いので、日ましに減るに応じて足し糠を加へて、十年も二十年もつづくのが良い。三年も経つうちに、元の種糠は新しい物と取り代ってゐるのが定則である。だから調味料も、ときどき補給することを忘れてはならない。足し糠の作り方も同じだ。

ここで、紫蘇粉《しそこ》の作り方を公開する、紫蘇は生の物を乾燥

菜漬と押石と蓋の見本

させて粉末にしてみたが、これは失敗した。

そこで葉と実を塩づけにして、塩のまま土用の強烈な太陽で乾燥して、石臼でひいて粉末にした。これはそのままで、あらゆる料理の調味料になるし、ごはんに振りかけても美味である。ただし、この作り方は色が黒いのが欠点である。

そこで梅づけにした紫蘇を粉末にしてみたら、その色は申し分のない鮮かな紫紅色だが、梅酢が利いてゐるので、調味料には価値が低い。しかし、防腐料には、どちらも価値が高い。

このやうな物を糠づけに使ふことは、高度の用心である。

家を與《あつか》る奥さん方には、是非とも知っていただきたい心の用意である。

〈漬物談義〉

ラッキョウづけ

ここでは「カメ」でも「ビン」でもさしつかえない「ラッキョウづけ」について書く。「ラッキョウ」は生のままの硬度を損じないつけ方が最上のつけ方である。

ラッキョウの鼈甲《べっかふ》づけ

市販されてゐる物、または大部分の人がやってゐるつけ方は、ぐにゃぐにゃだから気味が悪い。あれらは、最初に塩づけにして押石《おもし》を載せるから、ラッキョウが押しつぶされて、やはらかくなるのである。

その押しつぶしを、教へてゐる婦人雑誌の誌名は遠慮するが、まづ塩づけにして、何グラムかの石を載せろ――などと、しごくもったい振って、科学的であるかのやうな、いや科学的でない盗み書き方で自信のない説明をしてある。

またある放送でも、同様のことを云ってゐた。このつけ方では、「ラッキョウ」は、化学作用をおこして、FIACTANと云はれてゐる動物の神経をゆすぶる主成分が、塩分の中にとん入（逃げ込む）して脱質なものになるのである。それも、そのつけ込みの塩水を後まで使ふならとも角だが、右の指南では、その塩づけしたものは塩水から引きあげて、砂糖酢に漬替へろとあるのだから、一番大切な主成分を捨てろと云ってゐるのだ。

このやうな化学的な問題は、専門学者にまかせるとしても、元来ラッキョウは「よく洗って、酢にはふり込んで忘れておれ」と云はれてゐるくらゐ押しを嫌ふのである。

だからラッキョウは、(1)よく洗って水を切り、乾いたフキンで、一つ一つの水気を吸ひ取って白酢につけて置け。

この場合でも、何キロのラッキョウに何グラムの酢などと、女学校の家事の先生みたいなことをいふ必要はない。要は、ラッキョウの全身が酢につかってゐればそれで良いのだ。つける量に応じて、酢はラッキョウをひたしてゐればよいのである。

(2)そこで容器だが、これはカメでもビンでもよい。ただし、ビンは透明の物はよくない。日光の明光にラッキョウがさらされてゐることはよくない。暗い所にしまっておくならよいが、さうでなければ透明のビンには赤い紙を張って、陽光が当らないやうにしないと、やはらかくなってしまふ。近ごろはハフラウ引きの容器もできてゐるが、これは少しでもハフラウにキズがあると、そこに酢が穴をあけるので、よほど注意して買はないと、針の穴ほどのキズでもあったら、もう駄目である。だからカメの方が安全だが、カメも重ねて焼くので、底に重ねキズがあって、そこだけに上ぐすりがかかってゐないので、酢や砂糖や塩分は、そこに浸透して、じわじわと浸み漏れる欠点がある。

そこでガラスのビンが最上の容器となる。が、いま云ったやうに、透明の物には難点もある。拙宅では、薬品用、化学用の高級品で、三升と五升の二種類を使ってゐるが、遮光色の物でない透明ビンは遮光戸棚に入れてある。ビンの外側の上下にひもで鉢巻をして使ってゐる。

なん十本も並べるので、取り扱ひの途中で衝突させて割ることがあるので、その用心のために、上下に衝突用心の鉢巻をしておくのだ。

ラッキョウをつけるときは、このビンの中に酢を少し入れておいて、よく水洗したラッキョウをフキンで水気を拭き取っては、そのままビンの中に入れるのだ（熱い塩湯をザルの上で打ち冠せる方法もあるが、それにしても、すぐ酢に入れるので、硬度においては変りはない）。

ラッキョウを入れてゐるうちに、中身が殖えるにつれて酢が足らなくなる。そこでまた酢を足してやって、ラッキョウが酢を冠りさへすれば、それで良いのである。このやうにして、酢づけにして一週間もうっちゃらかしておけば、ラッキョウはカチカチに身が固まる。

拙宅では、味をつけ忘れて四年も酢づけのままで、うっちゃらかしてあるビンが幾つもあった。蓋を取ると、畑で掘りたてのやうな強烈なラッキョウの香が発散する。硬度は生《なま》の時よりもはるかに固い。

かくして、少くも一週間以上一ヵ月も、身固めの酢づけにして置いて、その個性を一粒一粒の中に封じ込むのである。そして、都合のよい日に酢に味をつけるのである。

(3)最初身固めにつけたラッキョウを、ボールに類する容器の上に揚げ笊《ざる》を載せ、その上にラッキョウを取り出し、一滴の酢も惜しんで酢を切る。たれ落ちた酢は、ビンの酢と共に鍋に移す。その全量のつけ酢の中に氷砂糖を入れる。白砂糖

この二斗樽の中は唐辛子の塩漬。塩ぬきして味噌漬にする。押蓋と押石に注意

でもよい。

また、(4)黒ダイヤにするなら黒砂糖を使ふ。そして酢で砂糖をよくとかして、指につけて味をためしてみる。ここでも、どれだけの酢に何グラムの砂糖などといふ定義はない。自分の好きな程度に、勝手気儘な味にすれば良い。甘党は甘く、から党は砂糖を少なくすればよい。

それが終ったら今度は(5)塩を入れる。塩の登場はこれがはじめてである。ここが他の漬物と違ふところだ。この塩の程度だが、これは砂糖の量によって違って来る。

砂糖と塩は非常に相性が良いので、塩を入れると甘味が強まる。それで、その甘味よりも塩気のはうが、幾分強目に舌に感じられる程度に塩入れをするのだ。これも少量入れて味をみながら、だんだん殖やしてゆき、自分の舌に相談しながら調節する。

自分の舌で「よろしい」と思ふところが、その家の個性だから、他人の舌のことなど気にしないで、あくまでも自分の舌に合はせる。酢、つまり固め酢、砂糖、塩。この三つの混合が終ったところで、たぎらかしに移る。

(6)どんな鍋でも釜でもよい。十分に全量が収容される物ならよろしい。しかし、アルミ、アルマイトなどの近代物は酢にやられて、お駄仏になることを御承知の上でやる。いちばん良いのは昔からの鉄鍋、鉄釜が安心である。

火にかけたら猛烈に、鍋底から湯坊主が、ぐらぐら沸りあがるほどに、たぎらかす。この途中でタウガラシ粉を投入する。これは最初からでもよいが、あまり最初から入れると、タウガラシが出すぎるので、途中が良い。そのタウガラシは、大き目のガーゼの

青森から送らせた田螺《たにし》。身を抜いて蒸して味噌漬にする

袋に入れて投入する（花ラッキョウを作る場合には、この時にタウガラシは入れない）。

酢が沸《たぎ》り出すと鼻をつく香が立つが、しばらく沸らかしてゐると、酢そのものが、鼻をさす強烈な香を立てる。だんだん和んで来て、今度は砂糖と酢の調和した香に変って来る。ここで火を一気に消す。

そしてタウガラシの袋を引きあげる。そして鍋の酢の自然冷却を待つ。その間にタウガラシの袋をあけて参考にタウガラシの粉を調べてみる。入れるまでは真ッ赤であったのが、赤黒くなってゐる。しかし、辛味は一層強まってゐるから、これを捨てないで乾かしておくと、他の漬物に十分利用できる。前のぬかづけなどには持って来いの調味剤

である。

このタウガラシの量だが、私のやうに畑にはえてゐるのを、いきなりチョン切ってカリカリ噛むやうな鈍舌漢は、すごく入れるが、ビンゼツ（敏舌）の方なら少量。これとて無制限で無定義で、皆さんの御随意である。

沸《たぎ》らかしたつけ汁が冷却したなれば、それをビンに移して、先刻ざるにあげておいたラッキョウをその中に漬込む。すでに酢で固められてゐるので、汁につけたらすぐでも食べられるが、早速では上等の味ではない。まず良い味になるには二、三ヵ月の時間がかかる。

私は一年も二年も相手にしないで棚に上げておく。それから思ひ出したところで取りおろしてラッキョウを整形する。頭と尻をちょん切ってスタイルをよくするのだ（一年もうっちゃらかす必要は毛頭なし）。

この時に赤いタウガラシの袋を二、三分にハサミで切って入れてやる。赤いのが点々と散らばると、紅白点でにぎにぎしくなる（これを世に花ラッキョウといふ）。この時、タウガラシの種は入れない。種が散らばると見ぐるしくなる。ただし、拙宅の物は、先に沸《たぎ》らかす時に、たくさんの粉辛子を煮出すので、すごく辛くなってゐる。

拙宅の「ラッキョウ」は、透きとほった「べっ甲色」に漬ってゐる。それで「べっ甲づけ」の名がある。

以上が理想的な鼈甲《べっかふ》づけであるが、忘れてならないことは、ラッキョウを整形した時の、頭と尻の切りっぱなしだ。これはなかなかに乙な味の物だから、切りはなしたままで、汁なしで保管しておいて、朝夕の食膳に載せるが良い。ひと切れ、ふた切れ口に入れると、口臭を払い頭をすっきりさせる。口のくさい女の人などには、なにより特効がある。

口のくさいのは、口中のバイキンにもよるが、腹中の菌の作用が多い。ラッキョウは、その両方に効くのである。特に接吻の好きな人には不可欠の逸品である。うっかり、ラッキョウ屋の宣伝みたいなことをいってしまったが、塩で殺してつける市販のものや一般のものについては、その効能のいかんを私は保証しない。

ただ一言にくまれ口を叩くが、東京住居の女性方は、気の利いた漬物など作れない。親の教育がなってゐないからだ。ここに説明してあるやうな漬物で、御主人に一ぱい差上げたら「これ、お前の藝術か」と驚いて大いに張り切った旦那様になる。

上野の松坂屋が、スポンサーになって私の家の漬物を放送したことがある。そのとき、食料品部の幹部が、拙宅の漬物部屋《ぐら》で、頭と尻っ尾《ぽ》の屑ラッキョウをつまんで、「これはいける」と舌をならして、梅づけ用の「正宗」を茶飲み茶碗で飲みながら大いに酔っぱらってゆかれた。このラッキョウ屑は冷酒には「持って来い」のシロモノである。

〈漬物談義〉

ラッキョウの黒ダイヤ漬《づけ》

このほかにも、ラッキョウの漬方は種々さまざまにある。

拙宅の「黒ダイヤ」といふのは、名のごとく玉虫色にぴかぴか光ってゐるので、その名が生まれたのだ。これは、どういふ訳だか、女性が好んで食べたがる。

作り方は前と大差はないが、材料に、私の好きな黒砂糖を使ふ。そして土用の四十度近い直射日光に、ビンの蓋をとって、さらすのだ。

三十二、三度の液温まで、ビンの中のラッキョウを暑い陽にあてる。しかし、中身をこの土用の太陽にあてると、色は良くなるが、硬度が落ちるので漬汁だけをたてて、中身はあてない方がよい。漬汁の色が濃くなれば、中身もいつかは良い色になる。

この漬汁の土用干は、黒ダイヤに限らず、すべてのラッキョウの漬汁は、土用干をするがよい。そして何十年でも使ふ。古くなるほど味がよくなる。

これを一夏あて通すと、実も汁も真っ黒く黒砂糖の汁は、中身を共に陽にあてても、液が黒いので、中まで太陽が照り込めない。

それで、中身のラッキョウが、ピカピカの光沢を増してくるのだが、口に入れると、しなしなして芯はがりっと音がする。それでゐて、口に入れると溶けさうな口あたりである。

昭和二十四年度製が今では最古品だが、二十五年のより、ずっと光沢があって味もよい。二十五年度のは、何だか、しくじったやうである。この昭和三十四年以後は、黒ダイヤのつけ込みを中止して、鼈甲《べっかふ》ばかりにする。今年は二斗ばかり作ることにしてゐる。

〈漬物談義〉

梅づけ

梅づけは、単なる梅干だけなら簡単だが、さまざまな梅酢づけが沢山あるので、梅づけのシーズンは全くの大多忙である。

梅と同時に漬込み梅をあげたあとの紅汁につけ込む「梅酢づけ」の種類はざっと次の通りである。

(1)チョウロギ　(2)シャウガ　(3)タケノコ　(4)メウガの子
(5)姫キウリ　(6)キウリ　(7)シロウリ　(8)ダイコン　(9)ヤヘザクラ　(10)ラッキョウ　(11)ゴバウ　(12)芽キャベツ　(13)カリフラワ　(14)ウド　(15)タニシ等々である。

その中でも、生姜《しやうが》は、芽生姜と陳《ひね》生姜と二種類あって、陳《ひね》生姜《しやうが》の方は、「玉づけ」「八手《やつで》づけ」「千枚づけ」などに別れて、分類されてゐる。

噛みわってみて種ばなれのよいものが品質がよい

また胡瓜《きうり》と白瓜は、「賽《さい》の目《め》」「輪づけ」の二種がある。大根は「紅梅づけ」といって、輪切りにして、紅梅の形に似せた花形にしてある。

私は昭和二十五年に銀婚に達したが、その年、養子が入家して来たので、親の銀婚式は延期した。その銀婚式は秋なので、祝宴の順序として、松竹梅の酒を出す時に、客膳に献ずる梅酒に、梅の花弁を浮べるので、その時の用意にと思って、その前の年に紅梅の花を塩づけにして試験してみた。

ところが、春につけた物を秋になって、銀盃に一房入れて酒を注いでみたら、どうも見栄えが面白くない。そこで、今度は大根を花弁に似せて梅酢の紫蘇汁につけてみたら、本物の紅梅よりも色が鮮《あざや》かで酒の味もよいので、これはおもしろいと思って、それを使ふことにしたのであるが、いま云ったやうに、子供の結婚式に使はれたので、親たちの銀婚式はとりやめにした。

それで、みごとな紅梅づけも、若い者たちの新婚の式の松竹梅の盃の時の最後の「梅の酒」に使ってしまった。

ところが最近になって、八重桜の紅梅漬に成功したので、今度金婚式をやる時には、その梅酢の紫蘇汁につけた本物の紅梅の花房を使って、大いに皆さんに飲んで貰はうと思ってゐたら、女房が癌《がん》で死んでしまったので、金婚式は永久に中止となった。

この梅紫蘇づけを金盃に一房、しぼって入れて金の銚子で酒を注ぐと、ぱっと盃の中で花が酒中に開花するやうになってゐるつけ方である。

これができた以上、大根の「紅梅づけ」はもう不用だが、一枚一枚ていねいに重ねて、ビンに貯蔵した何千枚と整頓してある。この美は容易に捨てがたいので、その色彩美に魅せ

しそむしり。拙宅では毎年 200 貫のしそが必要である

られて、いまでも毎年つづけてゐる。

これに似た物で趣向を変へたものに胡瓜の紅梅づけがある。生胡瓜七貫目で、やっと紙のやうに薄いのが二千五百枚しかできない。それも、よく干しあげてみると、三升ビンにやっと七分方しかない。如何に干して干して干しあげた物であるかがお分りであらう。胡瓜の輪切も、また格別な妙味がある。

胡瓜といふものは、一本のあとさきは種のない部分だから、輪切にしたものをつけあげると、説明をされないと、だれも胡瓜とは気づかない。種のある部分は種が一種の絵模様になってゐるので風情がある。それも干しあげたのを一枚一枚延ばして、丹念に重ねてビンに貯蔵するのである。

昭和三十一年は日照りつづきであったので、紫蘇の色がひどく悪かった。紫蘇は、陽照りの年が悪くて、雨の年は色が鮮かである。それで昭和三十一年は、色素がなくて、三べん揉まなかった。若い者たちは、力に委せて汗をたらたら流して揉んでゐたが、二度であの独特の色素が切れてしまった。

普通は三回も四回も、揉むたびに紫がかった紅桃の色が出るのに、今年のは黒みのある紅紫の色しか出なかった。それで五十貫の紫蘇から、平年の二十貫の色にも及ばない色の不始末であった。

それでも胡瓜も、茗荷《めうが》も、生姜《しやうが》と草石蠶《ちようろぎ》だけは、どうやら色づけできたが、三十二年になったら、色が薄れてしまった。草石蠶《ちようろぎ》とは、正月のお料理に使ふ、黒豆の中に転々と散らされる赤い蚕玉《かいこ》のやうな形をした諸《いも》みたいなシロモノである。おせち料理の材料である。

梅干にとって、何より大切なことは土用の天候である。天気予報は予報だから、あてにはならないが、昭和三十一年の土用の予報は全く狂った。

土用にはいった次の日から、気象台なんてあてになるか、黙っとれ、と云ひたい天候であった。干し場一ぱいに展開中の梅干が、あはや大雨を浴びやうとしたことが何回かあったが、用意の天幕で急場をしのいだのである。

その上に二、三日は崩れぱなしの天候で、陽の目はろくに見なかった。それからあとは全く順調になったので、作業もおひついた。

それも、四十五度の直射日光だから、乾きが早いの早くないのといったらない。日光に追ひまくられて、そんな炎天に毎日四時間も五時間も立ちつづけて整理した。この行程では、女わらべの出る幕ではない。もっぱら野郎どもが、私の助手になるのだが、助手どももたちまち焼きつけられて、早い者は一日、遅い者も三日とつづかず、うたかたを吐いてぶっ倒れてしまふ。それほどに梅干作業は骨の折れるものだ。

それにしても、今どきの若者どもは本当に性根がない。だから耐久力のつづく自分が、止むなく一人でやっつけねばならない。

シソもみ作業。これほど若い力の要求される作業は少い

この土用干で、私は徹底的に体を焼くが、それが薬とみえて、病気といふ程の病気もしない。「どうだ？　俺のハナ糞でもなめてみないか」と、はたの者がからかはれてベソ面を展開してゐた。

ところが昭和三十二年度の土用は、最初の二、三日だけが天気で、あとはまったく曇天か雨であった。

そのため、土用を過ぎた残暑で干しあげたが、まったく困った。去年とちがって、小田原や秩父、熊谷あたりまで自分で出かけて、八種類の梅を六百貫もつけたので、干し場も広く必要になった。

幸なことに、文芸坐の屋上が広いので、そこを干し場にした始末であった。梅干は天候との妥協が出来ずに骨を折ることが多い。

それでも各地の梅の特性について、三年かけて、詳細なデータを作れたことは幸であった。

〈漬物談義〉

梅《うめ》干《ぼし》

梅干を作るには、地方と東京では大いに事情が異る。地方ではその土地の産梅しか手にはいらないが、東京では関東以北の梅は、たいてい手に入れられる。また京阪では、近畿地方から西の方の梅が手にはいる。その土地産だけをつけるには、その産梅だけの勉強だが、都会の梅づけは種類が多過ぎて、却って厄介である。だから、梅をつけるには、まず梅の鑑別法から知らねばならない。

梅は入梅にはいってから三日目に落した梅でなくてはだめだ、と昔から云はれてゐる。入梅にはいって、三日目といふ日が落す好期である。東京には梅売りがよく出て来たが、近年は来なくなった。それで売り声を聞き落すこともあるので、結局は八百屋で買ふことになる。八百屋の店頭で買ふなら、その一つを取って噛み割ってみる。ぱりっと音がして、肉があっさりと、種からきれいに分離しない物は止めたがよい。肉が種に残るやうな梅は、つけ上っても種ばなれが悪く、種に実が残る。

こんな梅はつけても梅酢の出量が少なくて、実がやはらかにならない。いつまでも種のある梅干ほどいやなものはない。それから、アバタの多い物はいけない。これは皮を虫に痛められてゐるのだから、その部分が硬くて、干し上りも悪いし舌にカスが残る。ところが東京の八百屋には、ほんの少

梅の実の水洗ひ

梅（桐生種）を酒がめからあげてもう一度しあげ干しにかかる

ししか荷物が来ないので、私の家のやうに多量につける家では、一軒の八百屋では間に合はないので、二、三軒から取ることになる。すると種類が揃はないので、結局産地に出かけて、梅林で、生《な》ってゐるのを調べて買って来ることになる。昭和三十一年度は、水戸梅もつけた。

水戸は黄門さんで有名だが、梅の成果はよくない。中粒を三斗と小粒を二斗で試験をしてみた。中粒のはうが、生のときに肉ばなれがよくなかった。

梅酢の出量は、三斗の梅から一斗強出たから、まづ良い方だが、仕上りは一斗四升であるから五割弱のとまりであった。小粒のはうは、二斗の梅からわづか五升しか出なかった。これは成績不良である。その代りに、仕上りの歩どまりは、一斗二升だから六割の歩どまりで、歩どまりとしてはよろしいが、汁の出ない梅だから硬くて、梅干としては落第である。

かういふ結果になるので、なにより梅の品質を選ぶことが大切である。それに大粒の梅は九州の豊後梅のほかはやめたが良い。理想は中粒である。中粒の梅干は、第一に食べ良いし、大粒と小粒の両方の欠点がない。大粒の梅は食べるときに大きすぎて困る上に、不経済である。小粒もまた、実より種の分量が多くて不経済な上に、仕上げに手数がかかる。

〈漬物談義〉

梅のつけ込み

青梅はキズがあったり、熟《うれ》すぎてゐるのは、崩れるから避けるがよい。キズ物や熟《うれ》すぎは、全然別にして、それだけ別づけにして処理しないと、梅酢をよごして始末に困る。

梅を買ったら、米のトギ汁につけて青みを取る。二昼夜ぐらゐで、すっかり青みの肌が黄色になったところで、トギ汁を捨てて、何べんも繰り返して、トギ汁の匂ひが取れるまで洗って水を切る。

水が切れたら、梅一升に対して塩二合の割で樽か桶につけ込む。押石《おもし》は重いほど良い。土用までには十分に間のある時に梅は出回るから、すぐ買ってつけておけば、三、四日で汁（梅酢）が上ってくる。

この梅酢は何より大切な物だから、ホコリがはいらぬやうに蓋をしておく。蛾や虫けらどもがはいりこんだり舞ひ込む。しかし他の漬物とちがって、すぐ梅酢で殺されてしまふので心配はないけれども、あとで酢をこさねばならない手数がふえるから、最初から板蓋、または油紙、風呂敷などを冠せておくがよい。

近ごろはビニールが出廻ってゐるのでたいへん都合が良

梅しそをしぼり出して、紅梅酢を取るため日中の太陽を直射させて水気を放散させそのエキスを溜める

梅としそが展開してゐる屋上干し場（三角家）黒い部分は揉みしそ

い。

梅酢は私の経験によると、梅一斗から悪い梅で二升五合、良い梅では三升以上も出る。

これは自分の体を埋めるに十分なだけの汁を、一粒一粒が持ち合はせてゐるのだが、その量は自分の体重の二割五分から三割までの量である。

これは人間とほぼ同じである。つまり一斗の梅なら、二升五合以上の汁を出せば、自分を腐らせずに、安泰に守ってゐられるのである。だから梅酢は梅の実の保護液である。

この保護液（梅酢）が充分に押し蓋の上に冠さって来るころに、八百屋に、紫蘇が出回って来る。

これを待ってゐて、時期をのがさずに、なるたけ早目に紫蘇を買って、紫蘇揉みをして、梅酢に着色をしなければならない。

また、しそ汁で梅以外の材料の色漬をしなければならない。

〈漬物談義〉

紫《し》蘇《そ》

紫蘇は、一斗の梅を染めるには少なくとも三十把は必要である。一口に一把と云っても紫蘇の育ちに大小がある。茎とも皆掛《みながけ》で百匁程度はある。ところが、それも葉だけむしり取って、茎や根を捨てるので、正味は四十五匁ぐらゐの葉しか残らない。三十把で皆掛三貫以上はあるが、葉の正味は一貫二、三百匁である。昭和三十一年度のやうに、天気つづきで育った紫蘇は、色が悪くて鮮明な汁が出ないので、自然に紫蘇を多く使ふことになるが、昭和三十二年度は雨が多かったので、紫蘇の色がよかったから、普通一貫二、三百匁程度使ふところを、七、八百匁でも間にあった。

だから一斗のつけ梅なら紫蘇は少くとも正味七、八百匁は揉みこまねばならない。この紫蘇で着色した梅酢に、生姜《しやうが》や、筍《たけのこ》や牛蒡《ごばう》や、瓜や大根などを、思ひ出し放題につけて着色するのであるから、梅酢には出来るだけ色濃く紫蘇の色素を出しておかねばならない。それだけに紫蘇揉みは、梅づけ作業の中では重要な作業だ。

私は九州の田舎で育ってゐるので、紫蘇むしりぐらゐは常識だらうと思ってゐた。ところが東京に家を持って多くの者を使ってみて、まんぞくにむしれる者が少いことを知った。いい年をして、口は二人前も叩くやうな老人のくせに、紫蘇のむしり方も知らない者がゐる。そんな人間はたいてい都会育ちのものだ。

都会育ちの女の子は、これは土台から何も知らない。親が知らないのだから無理もないが、紫蘇のむしり方ぐらゐ知ってるだらうと思ってゐると、それが出来ない。そんなのには、一枚一枚、葉のむしり方から教へねばならない。

紫蘇の葉は、葉茎、すなはち、葉が大茎についてゐるところを、葉の柄《え》から採るのだ。そして、茎の穂先の方は、茎のやはらかい部分まで揉み採る。わかれた枝先も、やはらかい部分は葉と共に摘み取る。また葉茎のわかれ股に出てゐる細芽も採る。残す所は、硬い茎と土の中にかくれてゐた根だけだ。葉をむしり採るとき、つけ根の茎の皮をつけて採ったりすることがあるが、これは揉むにも邪魔だしだいいち食べられないから付けぬこと。

かくして、むしり取ったら、何度も水で洗って土やホコリを洗ひ落して、葉裏についてゐる虫などを綺麗《きれい》に除く。そして笊《ざる》に揚げながら、洗ひ終ったらすぐ揉みにかかる。水切れを待つ必要はない。洗ってゐるうちに、しをれてゐた紫蘇は生《お》へて来るから、生き返ったところで早いこと揉むのだ。水気が切れて、しをれた物は鮮かな色が出ない。

その前に、揉み鉢を用意しておく。揉み鉢は、半切（足洗ひみたいな）か、刳貫《くりぬき》の木鉢が良いが、そんなものを家庭で用意してる家はまづあるまい。だから、ハフラウ引きのボールなどで良い。摺鉢は紫蘇を破るから好ましくない。

もみ出されて梅酢をかけられ，紫紅色になったしそ汁をボールにもみためる

それから、塩と梅から出てゐる梅酢を、別々の容器に入れて側に置く。そして又、別の空ボールを持って来て側に置く。これは揉んだ揉み玉を入れておく容器だ。いよいよ紫蘇揉みだ。

洗った紫蘇の葉を片掌で大掴みに、二握りぐらゐ揉み鉢に取って、塩をぱらぱら撒いて軽く揉む。あまり力を入れてはいけない。揉むと黒い汁が出る。この第一回の汁がアクである。これは出ただけ捨てる。これは絶対忘れてはいけない。これを捨てなかったら梅を腐らせてしまふから要注意である。だから、この第一回をアクモミといふ。全部アクモミが終ったら、二回目からが色揉みである。

アクを揉み出して玉になってゐる紫蘇をほぐして、塩をぱらぱらと振りかけて押し揉む。揉みながらつけ樽からくみ出してある梅酢を、コップか茶碗でチョロチョロと注ぎかけながら揉む。梅酢がかかった途端に、紫蘇から揉み出される青黒い汁が、ぱっと紫紅色の強い色に一変する。

これを何度も何度もくり返し、紫蘇の葉から色素の汁が出るまで揉むのだ。紫蘇の育ちで、色のよく出るのと出ないのがあるが、三度揉みと云って、普通三回までは色が出る。だから全量の梅酢を色づけしたかったら、全部に満足の色がつくまで、紫蘇を揉み込めば良い。梅を白漬にしたいと思へば、紫蘇は不用だ。

とくに白い梅酢を、また、腹ぐすりに白酢を取っておきたい人は、着色しない一部を別に取っておけばよい。

かくして揉み終ったら、その着色された色汁（梅酢）を梅の待ってゐる元の樽に戻し、上に揉んだ紫蘇を冠せ、掌で押し沈め、たっぷり梅をひたしてつけ込む。

紫蘇を入れたら、もう押石《おもし》は不用である。押しをすると梅の着色がおくれるから、押しをしないで、たっぷり梅の実に紫蘇汁を吸はせてやる。ここで、（土用早くこい）と、土用の入りを待つ訳である。

この前に、梅酢の紅梅づけにする野菜類の塩づけを急ぐ。前に云った草石蚕《ちようろぎ》（知也宇呂岐）、胡瓜《きうり》、生姜《しやうが》、茗荷《めうが》、筍《たけのこ》など、何でも紫蘇染めにしたいと思ふ物のつけ込みである。それもその季節の物でない草石蚕《ちようろぎ》などは、前年から塩づけにしておくのだが、筍とか胡瓜、生姜《しやうが》、茗荷《めうが》などは、季節の物だから土用前に、一貫目に対し二合ぐらゐの薄塩でつけ込んでおく。

そら土用の入りだ。梅は、もうまっ赤に染まってゐる。それを未明に笊《ざる》にあげ、梅酢を切って干し場にはこぶ。そして干し板に一重並べにして干す。同時に樽の梅酢もカメに移して、これも干し場にはこぶ。紫蘇も梅酢を絞って干し板に干す。紫蘇の干し加減はむつかしい。乾かしすぎてはいけない。カメも蓋を取って天日にあてる。樽は陽にあてると乾いて漏《も》るやうになるから、カメに移して上から天日で梅酢を干すのだ。梅酢には水気がある（水分のこと）。この水分を太陽で消散させて、酸液と塩液と色素液を取り溜めるための天《てん》日《ぴ》乾燥《かんそう》だ。直射日光の温度は、三十余度になるから、液温も手を入れると熱くなる。液の表面には塩の薄膜が張る。

一方、塩蔵の材料の生姜や茗荷や、知也宇呂岐《ちやうろぎ》などの塩ぬきをする。これを塩蔵の材料といふのは、つまりは塩づけで、そのままでも美味しく食べられるが、目的は梅紫蘇づけにするための材料だから、まだ材料だ。これを樽から出して塩抜きする。水を何度も取り替へよく洗って、つけ汁を流して、それから漬込む。

この塩ぬきは大切である。塩づけにして置いたものを、そのまま（塩を含んだまま）梅酢につけると、食塩が頑張ってゐて、梅酢や紫蘇の色素を吸収しやうとしない。それで濃度を薄くするため、含塩を吐き出させて無塩の材料に戻して、新鮮な紫蘇酢につけて、あの口紅《ルージュ》にもしてみたい美麗な色に染め上げるのである。

この塩ぬきは、真水では時間がかかり材質を損ずるから、塩水でぬく。塩水と云っても、塩味を舌に感ずるか感じない

仕上り梅干の始末をしてゐる修学生。東大中心の学徒だが，反ゲバの優秀生達だ

程度の薄い塩水である。塩は中和性の強い性だから、薄い方に逃げてしまふ。しかも二、三時間で完全に抜けてしまふから、そしたら笊にあげて水を切り、日光に当てて水分を採ってしまふ。

この塩のぬけることを「遁竄《とんざん》」といふ。水の中に逃げ込むことだ。この遁竄を徹底させないと、塩がよくぬけない。塩藏物は、塩分が中にこもってゐて、新鮮な紫蘇のエキスを排斥する。この排斥をさせないための塩ぬきであるから、その意味をのみ込んで処理していただきたい。

「漬物大学」の紫蘇のところで一応のことは講義した筈だが、先人の智慧について私どもは大変に敬服させられる。神代の昔に、紫蘇を塩で揉んで、それに梅酢を注ぐと、紫色の汁に一変するなどといふ智慧がどこから出たのであらうといふことだ。実にすばらしい藝術だ。清物は味噌と共に藝術の基礎だと云はれてゐるのもそれだ。

たとへば、梅干の紫蘇づけは千年の宝であると云はれてゐる。この消毒力の強い梅干に紫蘇を揉み込んで、ホルマリンの二千倍の殺菌力のある食料品をつくりあげることを誰が発明したのかと云へば、それは誰も知らない。先祖の生活の智慧であったといふことだけだ。

今云ったやうに、紫蘇液を作って、あらゆる材料を投入してみれば解《わか》るが、その肌にしみ込む紫蘇液の染まりぐあいは、それが美味なものだけに、ただ驚くのである。美人の口紅にしたいやうな、あの色艶などは実際に体験してみないと、他人の書いたものを只読んだだけでは語る資格がない。

〈漬物談義〉

梅干の仕上げ

紫蘇揉みが終って、梅酢を紫蘇色に変化させたら、この紫紅色の梅酢に梅干そのものを始め、筍、チョウロギ、瓜など、何でも彼でも塩ぬきしておいた材料すべてを入れて、紫蘇色一色に染め上げねばならない。

日光にあててある梅干は、もう相当に乾いてゐて、手を当てると相当に熱い。それを干し板の上に集めて、日にあてて直射光線でたぎらかしてあるカメの中に一気に入れる。梅干は乾き切ってゐるので、紫蘇液の中に入れられると、じゅぶじゅぶと音立てて紫蘇液を存分に吸収する。そして痩憔《やせこけ》てゐた物が満腹して、充分にふくれてくる。そこをあわてないで梅干に時間をかけてたらふくに紫蘇汁を吸はせる。そして充分に吸ったところで瓶壺の上で笊にあげ、梅酢をカメの中にたらし取って、ここでまた日光にあてる。この梅干の処理は短くて一週間。ながくて二週間、漬ては干し、干しては漬るをくり返す。最後にはかさかさになった梅干になるが、充分に干しあがったところで収納にはいる。このとき、味醂《みりん》仕上げと云って、味醂をあつく煮立てて、その液につけこんで味醂を吸はせ、また陽にあてて、それからカメやビンに取り込んで納める。

ここで大切なことを注意しておくが、このやうにして仕上げた物は乾きが良いので、その実物はよく乾いた梅干である。こちこちに乾いてゐるので、普通の目には乾いた梅干と思ってゐる。それで世人は、梅干は乾いた物と思ひ込んでゐる。これが一般人の常識になってゐるが、そのじつ、梅干といふものは、実際の本態はかさかさしなくて、しっとりとした露気《つゆけ》のあるものである。

私の家のやうに、大量につける家では、三十年物、四十年物などといふ古い物が沢山あるので、そのデータも多くあるが、普通では三年物などある家はない。それでデータなど見ることも出来ないので、梅干といふものの本性を知らない。梅干といふものは、如何にかさかさになるほど干しあげても、それを貯蔵して長く保存してゐると、梅は元に戻って、梅その物が保有してゐる「枸櫞酸《くえんさん》」を吐き出して、中の種を包む実や皮を保護して、自分自身もその中に全身を沈めて安泰を守るのである。ここをよく知ってゐて下さい。

私の家に、祖父が元治元年につけた豊後《ぶんご》梅のビンづめが家宝になって残ってゐる。元治元年であるから、もう百年を越してゐるが、これは名古屋の中村デパートで、拙宅の漬物展示会をやった時、デパートが盗難予防のために保険を掛けた梅干である。たしか一粒が三万五千円であったと記憶する。直径七寸のビンに七寸の高さに詰ってゐるが、中には枸櫞酸がびっちり詰ってゐる。

この枸櫞酸は自然に凍《し》み出た無色無臭の塩基性の酸で、結晶になって梅干を包んでゐるが、水には容易に溶解する。それで、昔から補助薬として解熱療法に使はれ、快《こころよ》い酸味を珍重されてゐる。これは枸櫞油を含有してゐる故《せい》で、その芳香を愛用されて、清涼飲料にも使用されるのである。

このことは百年以上の物を持ってゐる私でないと、そのデータを持つことができないので、この学問の世間の専門学者も、梅干はいかにかさかさに乾された物でも、多年の間《うち》に枸櫞酸を吐出す真実を知ることが出来ないのである。

主人の点検。全作業物を一日中見て廻る

漬物の真の価値は、各人の軽率な誤信を口にすべきではないといふことを一言しておきたい。

東京に近い小田原に、梅干を売ってゐる店がある。駅の前であるから、見た人も沢山ゐるであらう。

この店頭に立てば、なるほど古くからの梅干屋だなと誤信させるやうに陳列棚に各種の梅干を飾りたててある。梅干棚には、享和年代、元文年代、正徳年代、宝永年代などの年号を書いて、ビンに張りつけてあった。

私が見て驚いたのは、それが如何にも、その時代の物ではなく、極く最近の土用干で製作された梅干であった。かさかさしてゐて、どこにも酸気がなかった。宝永年代となれば、中御門天皇時代で将軍綱吉の時だ。私が見たのは一九五九年の夏、小田原の生梅《なまうめ》を梅林に買ひ込みに行った時だから、その現品の梅は、別々のレッテル通りの年代であるとすれば、

屋上の梅干場。紫蘇や梅干で井然となってゐる。

二百四十五年前の梅干である。それに一滴の枸櫞酸もにじみ出てゐなくて、乾し上げられたばかりの塩の吹いてゐるかさかさの梅干であった。

こんな真実を云って、事実の鑑定の出来る人は、私以外に日本には一人もゐない筈だ。それでも伝統が古いので「一流デパートでは、私の方でないと品物を取りません」などと云ってゐたが、それが本当とすれば、一流デパートも多寡《たか》の知れたものだ。

だから店の品に、宝永だの元文だの享和、正徳などと人騙しのレッテルを張っても、物を知ってゐる者が見れば、一目でそれがインチキ商売であることが判る。いわゆる「羊頭を懸けて狗肉を売る」に等しい看板の偽りである。それでも見る人が騙されて喜んで居れば、その罪も軽くなるであらうか？

いづれにしても、皆さんは、この機会において梅の個性、特質について、その真価も知られた。この一事についても、研究といふことの大切さを知られたであらう。大量生産を知

らない皆さんにおいては五年前、十年前の梅干を持って来いと云はれても、五年前のは勿論のこと、三年前も知ることを得ない。私の家では、五十年前の物までは、即座にお目にかけることが出来る。五十年以前は、まだ私が漬物を手がけてゐなかった子供時代であるから、何も無いのである。それでゐて元治元年の物まで持ってゐるのは、家伝品であるから保存してゐたのである。

元治の昔に、明治天皇が、三月二十一日大阪の本願寺を大本営にされて、行幸されることになった。それが戊辰《ぼしん》の戦争である。九州の列藩にも、御警衛の藩兵を出すよう通達があったので、藩兵と云っても七万石の田舎藩では、人夫頭に募集させた民兵を大阪に送ることになった。私の祖父がそれを命じられ、藩の人足をつれて、大分の鶴崎から船で大阪に行った。警護の藩兵と云へば名前もよいが、その実を云へば、私の祖父も百姓の人夫頭であった。

その当時は兵站部《へいたんぶ》などなかったので、人夫頭が全員の兵糧《ひやうらう》まで世話しなければならなかった。いろいろ考へた挙句《あげく》に、やっぱり兵隊の弁当には日の丸弁当が何よりだといふことで、梅干弁当を支給することになった。家は代々漬物の家だから、澤庵や梅干は沢山ある。梅干はどれくらゐあるかを調べて見たら三十人分となれば、大粒の豊後梅なら一人あたり一日に九個は必要だ。それが三十人分となれば、御用がいつまでか判らぬが、三十日分としても八千百三十粒は必要だ。

そんな梅干が吾家にあるかといふので探してみた。

ところが何と、四斗樽に二本はあると判った。そこでちょっと数《かず》を調べてみたら、何と樽の半分も投げ出せば足りることが判ったので、二斗樽三本を用意して積み出したといふことだ。祖父は、わしは近衛兵の先輩ぢゃから、天皇様の御用に役立てていただいたのぢゃ。藩公から梅干代金を下さると達しがあったが、名誉のことでもあったのぢゃから代金はいりませんと断った、と家族の者に語ってゐたさうだ。

現に私の分家に、亡母が置いてゆかれた豊後梅は、その時の兄弟の梅干である。枸櫞酸にたっぷりと沈潜《ちんせん》してゐるのを見ると、すでに透明になってゐる肉や種が何と美味《うま》さうで、少し風邪《かぜ》気味の時など、一つお茶に入れて飲んでみやうかと思ふことがある。

だけど、それを一度やれば、二度が三度に及びさうで、台なしにしては相すまぬと思ひ、母恩を感謝しつつ唾《つば》を呑み込んでは手をつけないことにしてゐる。

漬物補講編

〈漬物補講編〉

香《かう》の物《もの》

ウマイ物を食べあきた人でも副食の「香の物」なら食べたがる。その反対の人でも「香の物」があれば何よりといふ。それほど、香の物は、何よりウマイ物だ（奇人は別だ。このことは後に書く）。

今では香の物と云ふと、漬物全部のことになってゐる。しかし、ほんとの「香の物」といふのは、味噌漬のことである。漬物のことを香々と呼ぶ人は、物を知ってゐる人か、さもなければ物を知らない人かのどちらかである。

ほんとに物を知ってゐる人であれば、澤庵のことを香々だの、香の物だの、お香々などとは云はない。ヌカ漬に至っては尚さらのことである。

九州のある地方では、澤庵などの塩漬系統の漬物を「コンロ」と云ふが、これも香々の転訛である。

古は、味噌樽からシミ出て流れ出る味噌の垂れ水のことを「からの水」即ち「香水《かうのみづ》」と云った。したがって味噌のことを「香」と云った。それほどに、味噌は香《かをり》の良い物で、高雅なものとされてゐた。

後撰夷曲集《ごせんいきよく》の「香物《かうのもの》」の中に、

大からの物とはきけどぬかみそに打ちつけられてしほしほとなる。

の下の句である。

どうして、こんな判り切ったことに感心するのか？　といふと、元来、香の物といふ食物は、味噌漬にきまってゐたのだ。それを、味噌の代りに塩糠につけて、味噌漬代用に誤間化して使ったのが澤庵漬であるから、ぬかみそに打ちつけられて、しほしほと、よんだのである。

この、しほしほは、塩を借りて、打ちしをれた悄然（しをしを）を云ったのである。

仏前にささげる香も、茶の湯と並んで高雅な遊びになってゐる香合の香も香であるが、それらの香と同じに香《かをり》がよいので、味噌も香《かをり》と呼んでゐた。その、香に漬て香と味をつけた

漬物置場の見廻りは大切

ので、その漬物を香の物と呼んだのである。

この香の物が、もっとも発達したのは室町時代から桃山時代である。この時代には、茶の湯も盛んであったが、菓子のない時代であったので、茶の湯の時には、もっぱら香の物ばかり使った。

今でもそのやうな古事を知ってゐる人の家庭や、地方の町村でお茶に香の物を出されることがある。

私は感心し、さっそく手を出して、おいしくその家の御馳走にあづかるが、砂糖菓子には、いまだかつて手を出したことがない。

菓子と云へば、現今では砂糖菓子のことにきまってゐるやうに、ひとびとは思ってゐる。ところが、菓子は果子で、クダモノの実をいふので、古は、クワシと云へば、クダモノにきまってゐた。

それ故に今でも菓子のことを水果《みづぐわ》（菓）子《し》といふのである。

ところが、その昔でも茶の湯には果子は使はず、もっぱら「香の物」すなはち味噌漬を使ったのである。

しかも、その味噌漬は御馳走中の御馳走で、天皇をお迎へして、御馳走を差しあげるときも、お湯漬《ゆづけ》で香の物を差しあげたのである。

何故に「お湯づけ」にしたかといふと、「お茶づけ」では、香の物の味を充分に舌に感じられないからである。お湯づけ御飯にして、最高飛び切り上味の香の物を食べていただき、其家の格や、腕前や、配慮や、丹念さを知っていただき、まことの献立を賞味していただいたのである。

ぬか漬の管理。押蓋，かめ底の検査

それほどに、味噌にしろ味噌漬にしろ、作る当主は、まことの限りを尽して創作するのであるから、それは正に藝術である。

私は先日、ラジオで「つけものの味」と題する対談を江上トミさんとした。

その時に、漬物は料理もさうだが、まったくの藝術であるから、百万人の人が各自に作るとしたら、百万種の持味が出来る筈である。そこに各自の工夫と努力が必要なのが漬物であり料理である。

だから、習ったままでは不充分で、自分でさらにさらに研究しなければ面白いものは出来ない、と話した。

私は、今年度は、百五十貫の味噌を仕込んで、味噌漬も二百貫の各種の野菜や魚や、鳥や豆腐などを漬け込んだ。

この中に、この冬はユズの丸漬を加へるつもりだが、私はこんなウマイ物はあるまい、とさへ思ってゐる。

その香《かをり》の良さは香の物の最上であり、味も舌ざはりも申し分がない。

註・この補講編は本講で充分に意はつくされてゐるし、また随分重複してゐるところもあるが、漬物大学の姉妹編と思ってつけ加へた。曽つて「大法輪」に連載したものである。

〈漬物補講編〉

瑞《ずゐ》軒《けん》の乞《こ》食《じき》漬《づけ》

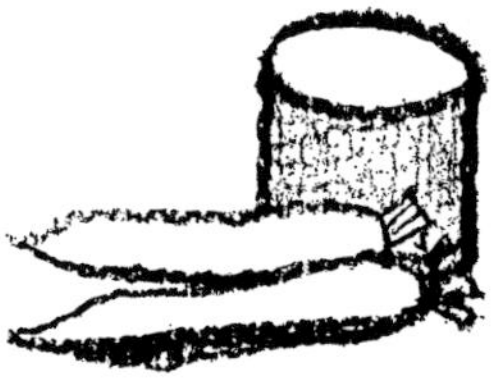

ここで拙宅の味噌漬を書く前に、短い昔ばなしを一つ書く。それには少し訳がある。漬物の話を聞きに来る人がかならず「どうして漬物を、そんなに詳《くはし》く知ってゐるのか？ 誰かに習ったのか？」と質問される。そこで私は、その都度「いや別に」と答へるだけで、訳を語ったことがない。

それは、だいいち面倒であり、そもそも漬物ぐらゐは、人間の常識ぢゃないか、と思ってゐるので、ことさら知ったか振って、しゃべる気にならないのである。それと云って、この質問は今後もまだつづきさうに思はれる。だから此際、ここらで私の智識（といふほどではないが）の種あかしをしておかうと決心したのである。

私は満四歳で父に死なれた。それで親と云へば母だけしか知らない。父《てて》なし子は母にとっては哀れが深いのか、母は私を、ちょっともはなさず、側に引きつけておいて目をはなさなかった。機《はた》を織るときも側において、筬《をさ》のひびきを聞かされながら、杼《ひ》の取り飛ばしを取らされた。

現今《いま》の人は知らないが、私の家には織機があった。母は姉を使って、糸をしかけて私たちの着物を手織ってくれた。筬《をさ》といふのは、タテ糸を通したクシのやうなもので、杼《ひ》といふのは、ヨコ糸を通す道具だ。この杼《ひ》が、タテ糸の中を左右に走ってタテとヨコを織り成す。両手で杼を交互に受取りながらその手で杼《ひ》を叩くリズムは、すごくいそがしくて、また面白い。「トン・チュル・トン・チュル」――母は、布を叩き詰める筬の音と、杼《ひ》の走る車の音に声を合せて私を喜ばした。

私は、母が杼を取りおとすのを待ってゐる。取りおとすと、私はいそいで拾ふ。「また取り飛ばした」母がさう云って、機の上から受取るのが、不思議に甲斐あることに思へて、母のそばにゐたのだが、母はかうして麻の着物もよく織った。

そんな母であったから、決して吾子をぼんやりさせないや

葉唐辛子の塩蔵。随時塩抜きして，煮たり味噌漬にする。押蓋に注意

うに、味噌の仕込みなどにも、子供に仕事をあてがった。

味噌は、新大豆が採れてから仕込みにかかるのだが、この豆撰りも、まだ小学校にもゆかない六歳の私に云ひつけた。いよいよ豆焚《まめたき》になると、大釜の下の火燃しをさせられる。

どうせ邪魔にこそなるのだが、何か云ひつけないと、ロクなことはしないからである。本筋の仕事は、姉が大部分をやらされた。母は姉をよく叱った。そして塩と糀の合せ方などを、嚙んで含めるやうに云って聞かせた。それらを私も、聞くともなしに聞かされて育ったのである。

その味噌豆焚は十一月の末から十二月にかけての寒い季節であった。だからごんごん燃えるカマドの前に踞《かが》んで火を燃してゐると、母は釜をまぜながら、いろいろな話を聞かせてくれた。

「かうして、まぜて居ると、ついこぼれる。こぼれた豆は、たった一粒でも決して踏んづけちゃならんのぜ。一粒の豆でも粗末にしたら、決して徳者《とくしゃ》になれないぞ。そこらにこぼれちょるのを拾はんか。さうじゃさうじゃ、そのやうに大切に扱ふと、いつか才覚をさづかって、十右ヱ門さんになれるんぢゃ」

「十右ヱ門さんた誰な?」

私が聞くと、側から姉が、

「瑞軒さんと云ふ偉い人《ひと》ぢゃが」

と云った。

「どんくらゐ偉い人な?」

と私がまた聞いた。

「まだ話してきかせんぢゃったか。そのお方《かた》はな。江戸で、車力曳《しゃりきひき》をして居ったお方ぢゃ。それが京に上《のぼ》って偉い人にならうと思って、何もかも売り払って、路用の金を作って今の京都に向って江戸から出かけたんぢゃ。そして箱根八里の登り口の小田原まで来て、宿についた。その宿屋で、泊り合せた客に人品《じんぴん》のいいお爺さんがゐて、お前はどこにゆくな?と聞かれたんぢゃ。それで、これから京にのぼって学問をして、ひとかどの徳者になるつもりでござりまする――というて、考えちょる胸のうちを打ちあけた。

そしたらな、その上品なお方が、それは考へちがひぢゃ。そなたの顔を見ると、家を起す徳者の相が顔にアリアリと顕《あらは》れてござる。何で京都などにゆかれるか。家を起すつもりなら江戸よりほかにござらんぞ――江戸に戻れば、才覚は授るでござろ――と云はれたんぢゃ。

それで、その上品なお方に別れて江戸に逆戻りするのぢゃ。品川の宿《しゅく》に戻りついた時が、盆《ぼん》の十六日の昼すぎぢゃった。橋の上まで来た十右ヱ門さんはビックリした。下の川に山のやうにナスビやキウリが流れて来《き》よったからぢゃ。江戸では、盆に仏さまに供へた物を十五日の日にのこらず川に流すんぢゃ、それがドンドン流れて来《き》よった。

まだ、くされも、どうもしちょらんから、ほんとにモッタイナイことぢゃ。十右ヱ門さんは百姓が手塩にかけて授った物を、海に捨てるのはモッタイナイことと思って、宿場《しゅくば》でうろうろしちょる乞食を集めて、それに銭をやって、その川にどんどん流れて来《き》よる野菜を残らず拾はせなさった。

それが何と有るは有るは、川端に山にこづまれた。十右ヱ門さんは、拾はせちょる間に、知り合ひの人を尋ねて行って、車力曳《しゃりきひき》ぢゃから、車力を借りて、酒屋から空樽《あきたる》も借りて来て、それを山と積んで、塩も買って載せて来た。そして、そのナスビやキウリをみんな塩づけになさって、橋の下に積みかさねたんぢゃ。

一銭いらずで授った才覚ぢゃから、なんぼでも智慧が湧く。あっちこっちと廻ってみると、宿場には普請場《ふしんば》もあれば、人夫溜《だま》りもある。また土手には帳場もあって、人夫たちが弁当のおさい(オカズ)をほしがっちょる。人夫はどこにも、かしこにも大勢居ったんぢゃ。そこに樽ごと曳きつけて、大安売りをしたから、たちまち売り切れてしまうて丸儲けをしなさった。もとはと云へば、乞食にやった銭と樽のお礼と、車力代と塩代だけぢゃから、ほんのわづかなことぢゃった。この才覚を幕府のお役人に知られて十右ヱ門さんは、さっそく人足頭に取り立てられ、屋敷を構へた。

　これが出世のはじまりで、それから百五十俵のお武家になり、後には瑞軒になられて、川通し（治水）の第一人者にならっしゃって、徳者で一生を過ごしゃった。

　これといふのも、物を粗末にせんぢゃったから、徳がのさって来たんぢゃな。おほかた、早づかりするやうに、二合塩ほどの甘《あま》漬で、早漬を作ったんぢゃろが、才覚のあったお方ぢゃの」

生葉類を色よく漬上げる時に，めうばん熱湯に一寸つける

　母の父は、漢書も読めた篤信の念仏信者であったので、かうした古い話を、母は祖父から聞いて知ってゐたのである。

「お祖父《ぢい》から聞かされた良い話を聞かさうか」常にこの前おきがあった。

　私は母から聞いたこの河村瑞軒の「乞食漬」の話を、後日記録でたしかめて、母の話に狂ひのないことを知り、母も尋常の女ではなかったのだとまた思った。

　かうしたことが私の家に、もろもろの漬物を現在もつづかせてゐる理由になってゐるのである。

〈漬物補講編〉

みすみ漬《づけ》

拙宅の来客の中で数の多いのは、お寺のお坊さん方である。真宗、禅宗、日蓮宗など宗旨も色々である。

この宗旨別から云ふと、禅寺の和尚が、いちばん喰物についてアレコレと講釈をいふ。その中に特別の変り種の大和尚が一人ゐる。「これ何かな？」と、いちいち説明を求める。施主として応《こた》へない訳に行かないので説明する。すると、

「これは珍しい。ちゃうだいして帰らう」

とくる。それは判で押したやうに、である。

「このままでいい、このままでなあ」

そこに出てゐる器のまま、包ませることもあれば、

「これにな、もう少し足して包んでおくれ」

といふこともチョイチョイある。それどころではない。

「ついでにな、こないだの、あの三角《みすみ》漬も貰ってゆく。今日は忘れなかった。つい忘れるんでな」

にやにや笑って合掌する。

「ちょっと、誰か？ 男の人に三角漬を出して貰って」

愚妻が、これまた笑ひながら云ひつける。側で、おしゃうばんをしてゐる私も笑はないではゐられない。

お判りであらう。
ない

漬物は男の仕事と云はれてゐるが，樽と押石を見れば
名札も明記してあるが，石の調子も見て廻らねばなら

和尚はホロ酔ひ気分で、包ませた漬物をブラブラさせながら帰ってゆく。

この和尚が、

「この三角漬が、野菜のクヅとは知らなかったよ。喰はせモンとは正にこれかいな」

と云って、入歯をカチカチならして丹念に喰べ乍ら賞味する。もう十五年以上も前のことである。

「これあ何だな?」

箸にやっとはさめる人蔘の切れっぱしをはさみあげて、奇妙な顔をした。

「へえ? これはゴミ箱に捨ててあった人蔘の頭か。なるほど人蔘の葉っぱがアクがあって面白い味だ」

頷きながら吞み込んで、また次の物を舌の先で、盛んに鑑別してゐるが判らない。その顔がまた面白い。

「タケノコだろ」

私がいふと、

『あ、さうだ。筍、筍、正にタケノコ。根のところだ。さて次の、こいつは何だらうか?」

白い物を歯さきで嚙みながら、舌先でべろべろ調べてゐるが判らない。

「レンコンにしては少し味がちがふし、ゴンボでもない?」

しきりに首をかしげる。

「ウドの根ぢゃろ」

私がいふと、

「ははは ア、ウドか。正にウドだ。さて、次のこいつは何だろな？　柿の皮かな？」

と頬をふくらます。

「もう疲れた。何でもええだろ」

私も、かう、イチイチ聞かれては面倒でたまらない。

「さうはまゐらん。施主が主客の問に応へないとは無礼だなア」

うるさいから、それは、

「リンゴの皮だろ。こっちも一々おぼえてないから」

と返答する。

「なあるほどこれはリンゴだ。さう云へばリンゴの皮にちがひない。リンゴの皮が、こんな味になるとは釈尊《しゃくそん》もご存知ではなかった筈だ。いや全く奇妙な漬物でござるぞ御主人。待て待て」

丼を引き寄せて、上品な手つきで中を掻き分け始めた。

「これこそ何だね？　これぁ奇妙なシロモノでござるぞ？」

まるい一房の花を見つけてはさみ上げてゐるのである。小さく刻《きざ》んである中にも、庖丁のあたらなかったところが有ったと見えて、原形をとどめてゐるのである。私も何だろ？　と思って皿に受け取ってみた。

「何だ、これは、薊《あざみ》の花ぢゃないか」

「なるほど薊の花だ。どれどれ、こっちに寄越しなさい」

漬物の皿を取りあげて、さっそく、口に入れて、むにゃむにゃやってたが、

「これぁ乙な味だぜ。おそらくいけ花のカスぢゃろ」

と来た。正に明察である。生花がしぼんだのを、また水で生《お》やして漬けておいたのである。だから花だけでなく、茎も葉もどこかに混ってゐる筈である。

「面白い。禅坊主も、ゲテ物はかなり知っとるが、こんなゲテ物は始めてだ。いや失敬、まことに乙な物でござる。さっそく頂戴して行かう。これでよい。これを経木か何かに、いや紙でも結構、包んでおくれ」

右の如く最初から御持ち帰りが始ったのである。

これは、瑞軒の乞食漬にヒントを得た訳ではない。私は母から叩きこまれた根性の中に、この漬け方をひそめてゐたのである。

「塩で貯へるか、日光で貯へたら、たいていな物は食べられる。何でも粗末にしないのが法だよ」

母が常に云ってゐた言葉にそれが在ったのだ。

日光で貯へるといふのは、乾して貯へることだ。塩とは漬物のことだ。

台所で、二十人近い人間の食事を毎日三度三度作ってゐる拙宅では、随分野菜の切れっぱしも出る。大根の切れっぱし、人参の切れっぱし、蓮根のクズなど、かなりの量だ。

それらを毎日毎日追ひ漬けにするのである。それが三角漬だ。

大根の頭部とくず大根など全部追漬にする

漬け方

三角漬の漬方は、自然天然である。

分量もヘチマも有ったものではない。塩と糠を混ぜて、上からパラパラと撒いて漬け込む。但し、押蓋と押石《おもし》は充分な物でないといけない。それから下から上《あが》って来る汁は、あがって来る限り、フキンで吸ひ取って捨てるのである。

二斗樽ぐらゐに漬けはじめ、いっぱいになったら本漬に仕直す。

本漬の時は、上下をさかさまにして順々に漬け込む。後でつけた方が樽底になるやうにである。

そして、その本漬の時は、糠一升に塩二合ほどにして、一段ごとにタウガラシ粉を沢山振りかけて漬け込む。糠一升の中に川砂三合ほどを混ぜると尚よろしい。

かうして漬込んで、重い石をのせておけば、三年経っても五年経っても平気で、古くなるほどよい味になる。

何でも彼でも、台所の野菜カスなら大丈夫。ただ、ゴバウの茎と葉だけはアクが強すぎるから避けたがよい。生花の中にも食べられる物が随分ある。食用になるものなら何でも入れるがよい。バラの花房なども面白い。

台所で使ふ、ウド、セリなどは、なかなか面白い味を出す。ミカンの皮なども、少しは色どりや香料に入れるがよい。野菜のカクテルが出来上るのだから、実に面白い。

この廃物利用漬が、他の上物の漬物より高位に就くのも、その味のよさからである。八年も経った物を差しあげると、和尚に限らず、どなたでも、貰ってゆきたいと仰言るのである。何らの名もなかった漬物だが、誰いふとなく、「あの三《み》角《すみ》漬を――」と云はれだしたので、自然に、三角漬の名が出来たのである。

三角家始祖の葉付澤庵

追漬大根葉の三角漬の葉付大根もある

これだけは、世の主婦にすすめたいのである。東京の女性は、あまりにも物を知らない。だから八百屋で大根の葉を切り捨てて大根だけ持つてゆく。あの葉を上手に漬たら、漬物の王様が出来るのにと、私はいつも同情して見てゐる。

〈漬物補講編〉

菊《きく》水《すゐ》漬《づけ》

この漬物も、「つけもの大学」に詳しく解説してあるが、本講に説明を略したところも、こぼれを補ふ意味で附け足しておいた。

「みすみ漬」は残り物で出来る廃物利用漬だが、この「菊水漬」は非常にゼイタクな漬物《つけもの》である。勿論、拙宅以外には、どこにもない漬物である。最近ラジオやテレビで拙宅の菊水が有名になったため、急に見物人が集って来て見学してゆく。それらの人たちから聞かれるままに、製法を説明するのだが、この菊水漬だけは、なるたけ避けて話さないやうにしてゐる。

それは、あまりにもゼイタク過ぎて、普通の家庭には製造不可能な気がするからである。

作り方

秋になって松茸が出盛るのを待ってゐて、その最盛期の物を少くも二貫目ほど手に入れる。土つきの部分を切り落して、よく水洗ひして水を切る。陽にあてないで風通しの良い所で水を切る。水が切れたらカメに入れて、白酢に漬け込む。松茸が、たっぷり漬ってしまふだけ酢を入れる。三升から四升は使ひたい。松茸は軽いから浮き上るので、押し蓋を用意しておいて、おさへつけ、上に石を乗せる。重い石はいけない。かるくして酢を沢山に使ふがよい。約一週間ほど漬ておくと、松茸の香が酢の中に出て来る。松茸その物はシンが締って来る。ここで松茸を引きあげて酢を切る。酢が切れたら、その松茸を澤庵と同じ方法（米ヌカ一升に塩二合）で漬込み、重い押石《おもし》を載せて、一先づ貯蔵しておく。

酢で固めた松茸はヌカ漬にしても、もう流れて無くなるやうなことはない。

一方松茸の香のしみ出た酢は「漬酢《つけず》」であるから大切に保管するのだが、この漬酢から、松茸を揚げてヌカ漬で貯蔵したら、すぐそのあとにニンニク一玉を、ワサビおろしで擦《す》りおろして、そのあとの酢に入れて掻き廻す。同時にサンセウの粉一合を投げ入れて、さらに掻き廻す。その次は七味タウガラシの粉二合を入れて、また掻き廻す。それから、次にコセウ(洋食用)二合をぶち込んで掻き廻す。次は最後の砂糖だ。砂糖は白がよい。白砂糖二百匁を入れて、またよく掻き廻す。

以上で、「漬酢」は出来上ったのであるが、ここでちょっと味を見る。舐《な》めてみて自分の舌に味を合すが良い。各人それぞれの舌の味で、不足して居ると思ふ物を足せばよい。

かくして「漬酢」は出来あがったのであるから、これを其儘にして蓋をしておく。

次に結球白菜二十貫を水洗ひする。そして大玉は四つ。小玉は二つ割にして陽にあてる。水が切れたら、二十貫を一升の薄塩で四斗樽に漬ける。陽干しにするのは、水を切るのと同時に、白菜に硬度を出させるためであるから、約半日は陽にあてる。

四斗樽に漬けると云っても、目的は塩漬が目的ではない。白菜のゴソゴソを、やはらげるのが目的であるから、一昼夜ぐらゐで水があがる

味噌漬の材料の仕込みと手入れ

までしか漬けられない。

さて、白菜を漬け込んだらいそがしい。漬終ると同時に、ユズ二十個。広昆布《こんぶ》五百匁。赤タウガラシ五百房（タウガラシの袋のまま）。小鰺《こあぢ》三百尾。赤キャベツ一貫匁。これだけを揃へて仕度をいそぐ。

(1) 赤キャベツは薄塩で、タウガラシと一緒に塩漬にして、重い石で押しをする。

(2) 小鰺は三枚におろし薄塩にして、酢につけておく。

(3) 広コンブは長さ三寸、幅二分くらゐに切って、水洗ひしてミリンにつけておく。

(4) ユズの皮を剝《は》いで、皮だけを幅一分ぐらゐ、長さは出来るだけ長く切って、ぱらぱらとタウガラシの粉を振りかけておく。

(5) 次に、前にヌカ漬にしておいた松茸を出して、よくヌカを洗ひ落して、水気をフキンで吸ひ取って、タテに厚味一分くらゐに庖丁で割っておく。

(6) 最後にワラをすぐって、二百本ばかり水につけておく。これは縛り縄であるが、普通の木綿糸の太い方が扱ふのに便利である。

以上で準備は終りである。

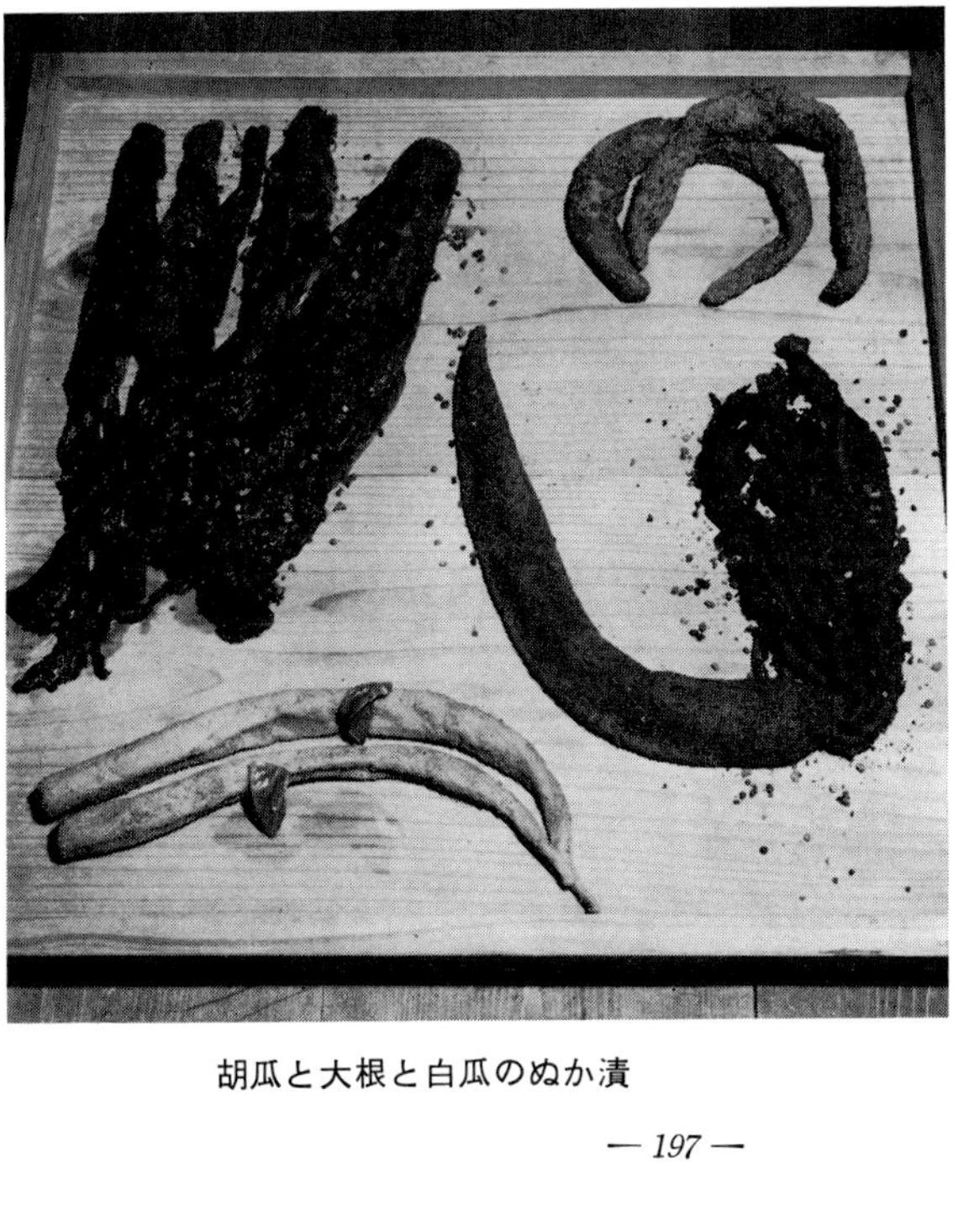

胡瓜と大根と白瓜のぬか漬

翌日になると、昨日漬けた白菜はタップリ水をあげて、やはらかくなってゐる。石を取って手早く取り出し、力の限りしぼって塩水を切る。ぐにゃぐにゃだが、塩づけとちがって、まだ、ぱりぱりしてゐて新鮮である。

それを半切の中に持ち出して、いちばん外皮から、順々に葉と葉の間に、前日用意した、コブや鰺、タウガラシ（袋のまま）や、松茸、ユズの皮などを挾み込むのである。この時に、赤キャベツを一枚づつ剝がして、白菜の二枚目か三枚目に一枚挾む。

名古屋の中村デパートでの漬物の特別展示

挾み終ったら、これをまるく巻いて、用意のワラで筒状に巻きながら縛るのである。

かくして全部終ったら、それを上等の桶か、またはカメに積み重ねる。

それを終ったら、前に用意して保管しておいた「漬酢」を布でこして、香料、調味料のカスを除いてから、その漬酢に注ぎ入れる。

この漬酢を入れたら、たっぷり冠るか否かを見極めて、漬酢を冠り足らないと見えたら上から押しつけ、汁を上にあがらせて押蓋をかけ、軽い石をのせておく。

極端に内容が多すぎて、漬酢が足らないやうな場合は、適当に酢や砂糖を加へればよい。

かくして漬込んだら、だいたい一週間で食べられるが、二週間ぐらゐ経過しないと上味にはならない。

五週間も過ぎたら桶から全部ひきあげて、別のカメに貯蔵するのである。既に、酢を充分に吸収してゐるので、ただ内容物だけを貯蔵して、いうに二十年以上は保管出来るし、味も変らない。

あとの残りの「漬酢」には、花キャベツや、芽キャベツや、姫胡瓜などを漬るのである。花キャベツは、一見して茸《きのこ》のシメヂに似てゐるし、芽キャベツは、かはいらしくて、小皿に一つ載せて出しても面白い。

この漬酢は、何と云っても松茸のエキスが出てゐるので、非常に風味が良い。

だから、漬けた物は味も香もよい。ニンニクがはいってゐるので、朝鮮人みたいに、他人に不快を感じさせはしないかと気づかはれるが、コセウや松茸でその悪臭を殺してあるので心配はない。小便、大便共に、研究してあるので安心である。

そこで本尊の白菜漬であるが、これは出す時に、よくしぼって藁を外して、そのまま切るのである。

忘れても洗ってはならない。水洗ひしないために、最初から美しく水洗ひして漬け込んでおくのであるから、あげて食べる時にそのまま切るのである。

一束のままを、三分くらゐの輪切りにして、平鉢に並べるのが一番よい。切口の渦巻が、楠氏の紋どころである菊水によく似てゐるので、拙宅で「菊水」と名づけたのである。

平鉢に盛ったところは花やかで、実に美麗である。赤キャベツの桃色と、真紅なタウガラシの輪切りが点綴《てんてつ》してゐるし、ユズの黄色も点在するので、食卓に花が咲く。

来客の中には、「巻ずし」とまちがえて、いきなり箸で一輪切はさんで、そのまま口に持っていかうとする人がちょいちょいある。私はあわてて、「ちょっと、それはそんなには食べられない」とおしとめる。これを一ぺんに口に頬張ったなら、いったいどんな事態が生ずるであらう。おそらく口の中は激戦場となる。これは一枚一枚、「これは何であらう」と、楽しみ乍ら食べるのである。

およそ、ウヰスキーには、これに勝るサカナはないのである。酒によし、ビールによし。御夫人連は、「とても、ご飯に向きますわ」と仰言る。お客に出してみて判ったが、それは私の想像以上の売れ方で、たちまち無くなってしまふのである。

〈漬物補講編〉

たくあん（補の一）

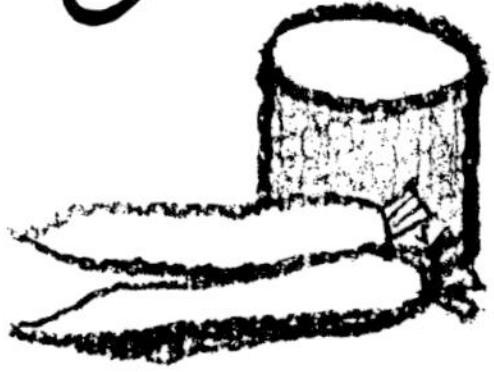

澤庵は、「つけもの大學」で講述した通りだが、尚補稿として、この稿をつけ足しておく。

澤庵と云へば、禅僧の澤庵和尚ではなく、大根漬のことだと思ふほど、大根の糠塩漬は人に知られてゐる。

ところが古い書物にも、たくあん漬は、品川東海寺の澤庵和尚の発明した漬物だなどと書かれてゐる。

しかし、さらに古い書物を調べてみると、干大根の糠塩漬は澤庵和尚の生れぬ前に、既に漬られてゐたのであるから、澤庵和尚の発明といふことは嘘である。

本稿の一番最初にも書いておいたが、

大からの、物とは聞けど、ぬかみそに、打ち漬られて、しほしほとなる。

といふ澤庵さんの歌から察しても、「物とは聞けど」とあるところが、既に存在してゐたことを証明してゐる。

澤庵漬が澤庵さんの発明なら、物とは聞けどとは云はない。

その詮索は兎も角として、この澤庵と云ひならされて来てゐる干大根の、糠と塩とで漬けられた漬物は、吾々日本人には、たいへん親しみの深い、しかも口なれた漬物である。

それでゐて、容易にうまい上味の物が少い。東京の食料品店やデパートなどで売ってゐる物には、ことさら上味の物が少い。同じ材料を使って、どういふ訳であらうかと思って、いろいろ研究してみたのであるが、要は商売になり過ぎて、漬方が不親切になってゐると云ふことが結論になる。

細別すると、大根その物が太すぎる。ほんたうに、うまい澤庵を食べるには、大根の小さいのが良いのだが、武州ネリマ産みたいな、女性の足みたいな太いのを多く使ふ。その上に、漬物が蛆虫の溜りで、蛆をバケツでくみ取って捨ててゐる。

次は、干し方だ。輪にして頭と尻尾が楽々とつながるまで、天日に干さねばいけない。その半分も干さずに漬けて、貫目を落すまいとするので生大根の塩漬になってしまふのである。

次は、商品化することに悪智恵が廻りすぎて、着色する。

また、舌を誤間化すために、サッカリンみたいな甘味剤を使ふ。そのために大根そのものが持ってゐる天恵のアマミを損じてしまって、不自然な調味に変味されてゐる。

澤庵の本質は、その持味を百パーセント生かした干大根の甘味と、独特のネバリにある。

だから調和料には、その本質を損じない、植物性の物でない化学

葉付澤庵の漬込み。きちんと整理された漬方を見よ。樽はしぶぬり

薬品は避けねばならない。

それから、糠が少い。糠は大根の持味をやんはりと包んで、その個性を守る重大な役目を受持ってゐるのだから、これを充分に使って一本一本包んで、吾吾がフトンの中に、ゆっくり眠るやうに、全身を安堵の姿勢に包んでやらねば駄目だ。

以上が、細別のあらましである。そこで、もっともうまい澤庵の漬け方だが、その最初に「葉つき澤庵」を紹介する。

葉つき澤庵

昔から澤庵は、まず葉を去って……と、漬物の本にも書いてあるが、澤庵と云へば、葉のついてゐない大根漬ときまってゐる。それだのに私の家には、少くとも葉つきの澤庵を五十貫以上は毎年漬けてある。だから「葉つき澤庵」は、私の家が鼻

祖ということになる。

材料

大根の出盛り時期に、大根の一尺五寸以下の物を葉つきで集荷するのである。そこは、さすがに東京である。野菜類で、ほしい物が手に入らぬといふことはめったにない。これが地方だと、その地方産以外は容易に手に入らないが、東京は何でも間に合ふ。

その八百屋が届けて来た葉つきの大根を、繩で組んで軒下に釣って干す。決して表には出さない。表の庭木などに釣り干しすると、にはか雨や、霜が来るので、折角の材料を台なしにしてしまふ。

軒下の雨も夜露もあたらぬ、しかも太陽のあたる風透しの良いところ、フトンやキモノを干すやうにして干す。

太陽に当ってゐる面と、その裏とは乾きがちがふので、途中で裏返しをして、大根の全身に平均に陽をあてる。

充分と思ふ時に一本抜いて、輪を作ってみる。頭と尻尾がラクラクつながれば、もうそれで充分である。そこまで乾いても青い大根葉は、まだカサカサにはならない。ここで取り入れて漬け込みにかかる。

ここで大切なことを云っておくが、私は一尺五寸の大根と云ったが、大根は細いほど良い。太いほど悪い。

やせ地で出来た大根ほど良い。良農が、コヤシに委せて作ったみごとな大根ほど悪い。但し、やせ地育ちと云っても、中にスのある物ははね出す。

何故、やせ地の細大根がよいかと云ふと、喰ってみれば判ることだが、苦労して育ってゐるので、身がしまってゐてコクがあることが第一で、第二は、漬けたり出したりに手ごろだし、第三には、しまってゐてカサが少いので、沢山漬け込みが利く。

第四には、漬けこみ後の水が少くて、押しぶたの上に水のあがり方が少いので、管理も好都合だ。第五には、身が細いので糠が充分に肌に廻って、押石《おもし》をのせても減り方が少くて、漬直しの手数が省ける。以上が小さい大根の五徳の理由だ。

さて漬け込みだが、

糠と塩と砂。それにタウガラシ粉——が要る。

砂はコンクリートを練る時に使ふ砂で良い。あれを砂利屋に行って買って来て、バケツの中で清水で洗ふ。下から掻きまぜて、濁水が出なくなるまで根気よく水洗ひする。どんなにまぜても濁らないやうになったら、笊にあけて陽にあてる。薄く拡げて、水気が全然なくなるまで干す。

完全に水が切れたら、それでよし。少しでも水気があったら駄目。

次は糠だが、糠と書けばコメヌカのことである。この糠一升に対し、塩は二合、三合、と合せ方がある。二合は早喰ひ。三合は永喰ひ。

十一月に漬け込んで、正月から喰ひたいと思ふなら二合塩。夏も過ぎ、その年も過ぎ、足かけ三年目あたりまで永持ちさせやうと思ふなら三合塩。

その塩を、糠に混ぜ合せる。

最後はタウガラシ粉だが、これは純粋の生無垢が利くが、好みによっては七味も良い。一升や二升は用意しなければなるまい。

そのほかに、樽や押ぶた、押石の必要なことは判り切ったことである。

いよいよ漬込み

まづ塩糠を、四升樽(綺麗に洗って水気を切ったもの)の底に一寸厚みに敷く。その上に、葉つきの干大根を一重に並べる。葉の部分は重なり合っても良いが、大根は重なってはいけない。

行儀よく並べたら、タウガラシ粉をかなり撒く。赤く見えても心配ないから、思ひ切って撒く。そして、その上に塩糠を大根が見えなくなるやうに撒く。薄雪が大地をかくした程度が良い。樽肌にも敷く。大根が樽肌に密着したままだと、うまくないので薄くはさんで樽肌と絶縁する。

この糠が終ったら、その上に砂を撒く。砂は糠の約半量程度をばらばらに撒いて、糠をおさへる心もちで撒く。かくし

葉を除いた大根の輪縄干し

て第一段が終ったら、また前と同じに大根を並べ、タウガラシ、糠、砂の順で、三段、四段、五段と順々に、樽いっぱいに漬け込む。

その一段ごとに両掌両拳で、力限り押しつけるが、尚その途中で押ぶたをのせ、その上に登って、ぎゅうぎゅうと足でふみつける。

漬込みを終ったら、最上部には糠も砂も厚目に、二寸ぐらゐ多量に冠せて、押ぶたをして、上に押石《おもし》を乗せて押石にする。

この押石は、中身自重の一倍半以上は必要である。四斗樽一本で十二、三貫はあるから、少くも十五、六貫の石は乗せたい。

これで漬込みは終りだが、数日過ぎると塩水が押ぶたの上にあがって来る。これは、あがって来るだけフキンで吸ひ取って捨てる。全然あがって来なくなったら、砂に塩を混ぜた砂塩で、押ぶたと樽肌の隙間に目つぶしを置く。かうして置けば夏になって、蚊や蠅が来てタマゴを産んでも大丈夫、ウジ虫が成育する心配はない。

喰べ方

漬るのは喰ふためであるので、その喰べ方の説明も必要である。

大根の部分は、説明の要もない。普通と同じだ。が、これは砂漬であるから、水洗ひは入念にしなければならない。ほんとに念にも念を入れて洗はないと、葉の中に砂がのこってゐると、ぢゃりッときて、たいへんいやな思ひをするから、神経質になるくらゐ水洗ひする。

よく洗った葉の部分は小さく刻んで、ほんの少量山椒《さんせう》の粉を入れ、ゴマを入れ、醬油を存分に入れて、よく混ぜてから鉢類に入れ、手で押しならして五、六分ほど寝せておく。ゴマは黒ゴマの方が見た目に感じが良い。煎りゴマは少しつぶした方が味が良い。

寝せた味が調ったところで、鉢に盛り直して食卓にはこぶ。

拙宅には十五年物がまだあるが、この正月には来客にはもちろん出したし、鎌倉文士の新年宴会にも贈った。

みんな口を揃へて、「これだけで酒の肴は充分だ」と云った。また食後の茶漬には、「なんにも要らぬ、この葉澤庵があれば」と云って、気持よく皿は掃除されたのである。

出す時の調味料だが、これは人によって、好みもちがふであらう。それはさまざまに委せてよいのだが、過去さまざまの経験から、サンショとゴマに落ちついたのである。

巧者《かうしや》は物の上手なれ――で、また味好者《あぢかうしや》の人もあることだし、それはさらに、お舌とお腕にお委せする。

〈漬物補講編〉

たくあん（補の二）

たくあんは「つけもの大學」で充分に講義してあるが、尚この稿をつけ足しておく。

現在私の家で朝晩食べてゐる澤庵樽には、「当座食」の札を掛けてある。昭和二十六年製の四斗樽第三号である。つまり五年前に漬けた三本目の澤庵だ。

「順繰りに食べるのも結構だけど、たまには新澤庵も食べたいわ」

愚妻どもはそんなことを云って、新しいのを出させて、自分で切って食べてみたりするが、

「やっぱり、新しい物には貫録《かんろく》がないわねえ。それに倍食べなくちゃ何だか物足らない」

そんなゼイタクなことまで云って、すぐ古澤庵に逆もどりするのである。そのやうに、古い物には含蓄《がんちく》の味がある。ところが、五年ももたせるには、それ相当の手数をかけ、世話をゆきとどかせる。年月の重なるうちに、独得の味が含蓄されて、澤庵は年々、樽の中でちぢんでしまふ。その締まった味が何よりの真価だ。蛆虫が肥料小屋のやうに桶に湧いては落第。

漬物は古い物ほど、量を少なく食べて満足出来る。ここまで持って来るには、管理が何より大切な事だ。

澤庵に限らず、漬物はすべて保管が大切だが、樽物は特に不断の注意が必要である。

何時、誰に樽を見られても恥かしくないやうに、床の間の置物ぐらゐに愛撫しなければならない。

押蓋や押石に、ホコリが溜ってゐては落第である。桶の内側はもちろんのこと、外側から樽の底まで、わが肌をいたはるやうに拭きあげておかないと、どんなに手順を習って漬てみても、五年も六年も持ち込むことはむつかしい。

材料の大根と干しかた

私の家では、毎年秋になると、百貫からの大根を八百屋に注文することにしてゐたが、今では畑を一町歩ほど菜園を買ひ込んだので自家づくりで五百貫以上耕作してゐる。

葉つき澤庵も充分に行はれ、普通の澤庵の材料も豊富であるが、ネリマ大根のやうなバカでっかい物は作らない。

長さは尺五寸以内の細身の物に作る。

八百屋で売ってゐる澤庵用の大根でも、それをさらに干す。といふのは、まだまだ水気が多くて、一本の大根で円を描くことができないから、少くとも二週間以上も干す。

日中陽干しにして夜は取り入れる。夜露（シモ）にあてたら鬆《す》がはいるし、腐れもする。

この陽干しの時も、大根と大根がはだを密着させないやうに、縄で編んでハシゴ型に干す。はだを密着させると、その部分がヌラヌラ濡れて赤カビがつき、そこから腐れが始まるから、カビの湧かぬやうに干すのである。

そして、干しながら一本一本曲げて見る。頭と尻を両手で持って、まん丸を作ってみる。シナシナとやはらかくマン丸が出来るなら、今度は頭をつまんでムチのやうに振ってみる。

田舎では馬の珍宝といふが、いくら振っても折れないやうになったら、はじめて縄から取りはづし、風とほしの良い家の中に取込んで、ムシロのうへにならべておいて、あとの干しあがりを待たせておく。

この時に上に物を冠せたら失敗する。と云ふのは、物を冠せると、むれてベトベトになるからである。

大根も人間と同じで、その生れつきは決して一様でない。さっさと乾くやつがあるかと思ふと、なかなか乾かないグズなやつもある。

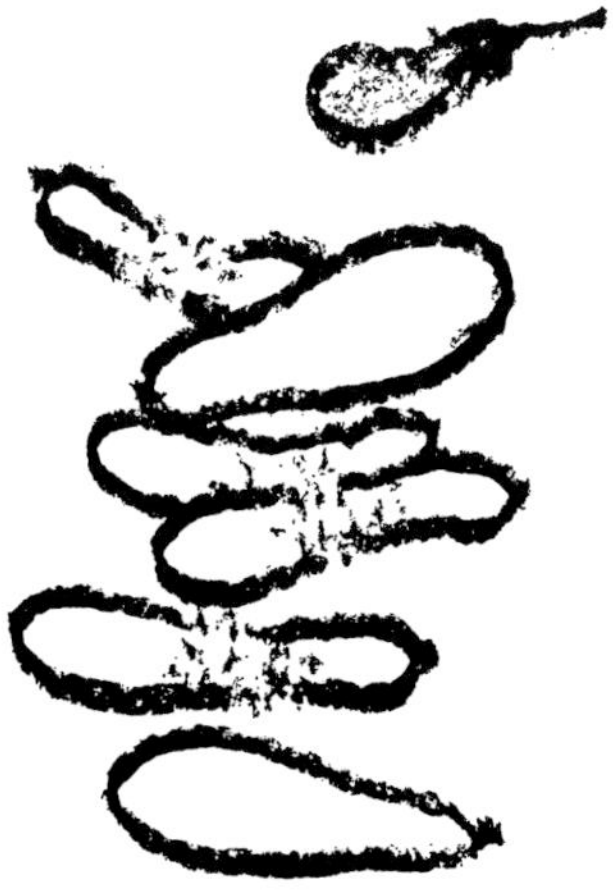

それかと思ふと、尻っぽの方がサザエの尻みたいに、ぴりぴりと乾いて、胴体がいつまで経っても、水々してゐる中風型、つまりよいよい型もある。

こんな大根は澤庵にはつけられない。さっさと省いて、わが家独特の三角づけに回してやる。

かくして材料の大根を干しあげるのであるが、それより前

葉付澤庵の干し場。これ位の時に頭をからげる。葉がからからにならぬ手当をする

に、樽の用意を終っておかねばならない。

樽の用意と押蓋

おけ輪の編み目にいたるまで、やうじで重箱の隅をほじくるやうに箸で清掃する。樽底のくぼみまでほじくってよく洗い、虫眼鏡で見ても大丈夫といふ所まで清潔に洗ひあげてから陽にあてる。樽は、尻底が一番先である。次に中側を干しあげる。干しあがったら、一度水をためて、漏りを検査する。漬込んでから、塩気の汁が漏るやうでは大切な中身が駄目になる。樽は中も外側も渋をぬり完全な物にしておく。大切なことだ。

それから押蓋の用意だ。押蓋二種類用意する。最初のうちは大きいのが必要で、後になって、澤庵を食べはじめると途中で小さいのが必要になって来る。それも用意する。

澤庵は最後まで押石《おもし》を乗せておかねばならないから、押蓋《おしぶた》は丈夫に作っておかねばいけない。この製法はあとで書く。

押《おも》石《し》

次は押石である。四斗だるには少くとも三

十貫の石が必要である。

だから、私の家では、一抱へ十三、四貫の石を二百個ぐらゐは用意してある。

しかし、その石には「おかめ」「彦六」「祖母山」「かぶと」「久住」「あばずれ」「聖人」「多摩」「石舟」「秋川」などと、それぞれ形容や地名を書き込んである。これは、若い者たちに、どの石を載せろといっても、皆石であるから分りにくい。

それで出産地や形容で附けてある名を呼んで、「あの樽にはおかめと彦六を載せろ。二号樽には、あばずれと聖人だ」といってやる。

すると「聖人は留守だが、寿老神なら空いてます」「そんなら寿老神とおかめだ。あばずれは重すぎるから」と云った具合に名前で重さを台帖で見るとすぐ判るので、ことを順調に運ぶことができる。

干し大根の乾度検査。尻尾が頭に曲りつけば合格

先日も菊池寛氏の墓参のついでに、自動車を五日市まで走らせて、押石《おもし》を秋川から拾って来た。

五つ乗せたら、自動車のタイヤが平べったくなった。家に帰って、はかって見たら一個十五貫平均あった。清流の石は清潔で気持がよい。

〈漬物補講編〉

ナナヲの澤《たく》庵《あん》

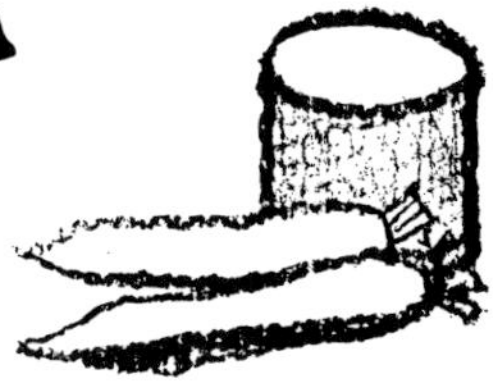

昭和三十一年三月二十日に、池袋の文芸坐の落慶式を挙行したが、その晩に、株主である「天声人語」の荒垣秀雄君が、拙宅で飲みあかした。私も疲れが出てゐたので、同君を送りかたがた、一晩ぐらゐ東京を脱れてみたいと思って、翌二十一日の朝、夫婦で荒垣君の車に同乗して家を出た。

一応、茅ケ崎の荒垣別邸に同君をおくり届けて、さらに更衣の同君と熱海まで車を走らせた。その途中で熱海に女護の園があるが、そこへ行って見ないか？　と同君に誘はれた。同君の案内に委せて、南光園についたのは薄暮のころであった。同君の車中談によると、支配人の中田といふ女史は、なかなかの別嬪で、はなはだ気分のヨロシイ女性であるとのことであったので、筆友の前触をそのまま楽しみにして、すこぶる満悦の心境で宿客となったのである。

なるほど中田信子支配人は、白縞の着物に茶羽織、髪はヘップバーン、背もすらりとしてゐて、なかなかにスマートであった。

私は、ご挨拶を受けながら、その容姿物腰で、やがて出される夕食の料理の味も、既に想像がついた。

（なるほど、地方人なら県知事、中央の人種なら大臣級と云った客筋に、大いに喜ばれさうな家だな）から思ったので、風呂の中で家内に云った。

「しまったことをした。漬物を持って来るんだった」と。

「見た目には綺麗なお料理でせうけど」

家内も私の云った言葉の奥に応へたのである（私が、いみじくも知事や大臣と書いたのは、現今の彼らはミテクレ〈見て呉れ〉しか解らない人種の代表である。といふ意味である）。

「熱海には、澤庵の美味《うま》いのがあるといふから、それを頼んで見ようぢゃないか」

かねて、拙宅の来客から熱海の澤庵はうまい——と聞いてゐる。私はそれを思ひ出したのである。何、評判ほどの物かどうか食ってみないで判るもんか、と私は思ってゐるのだ。

宿屋の料理で私の口に合ふものが、あるものか、と思ってゐる私は、止むなく滞在する時は、味噌と漬物は自分の口に合ふ物を持って来る私である。

それかと云って、ぜいたくな物を注文する訳ではない。豆腐か油揚げ、それに味噌汁、野菜類などである。かうした物は、どういふ訳でか、たいていの宿屋では出すのをいやがる。

金を取りかねるのか、それとも料理が面倒とでも思ふのか。そのどちらかであらう。

夏大根の春若ぼし。春若大根を参照（つけもの大學）

やがて夕食の食卓に並べられたものは、私の推察どほり、通り一ぺんの宿屋料理であった。しかしだ。その料理は見た目にはさすがに、アカ抜けがしてゐた。中田支配人のスタイルの通りだ。

だが料理は女ばかりの園であるので、女の調理には相違ないが、支配人の腕前ではないとのことであった。荒垣君も、女には一ヵ月に一度は変調が来るので、その時味が狂ふ——と云ってゐたが、それを思ひだして。

私は、別に豆腐とニラと、タウガラシ（袋のままを輪切にしたもの）と、熱海の澤庵とを注文した。しかし、ニラは手に入らぬとのことであったので、ネギをかはりに貰った。

タウガラシ醬油で、ヒヤヤッコをネギで食べながら飲みはじめると、荒垣君も大いに箸を加へるので、豆腐のお代りとなった。

豆腐は庖丁を入れない丸のままを、箸で好きな太さに千切って、ネギの青いところを一寸くらゐに切ったのを添へて、タウガラシ醬油で食べるのである。

かうして、舌を活気づけてからでないと、他流の料理には容易に手が出ないのである。

色は味

そこへ、糠漬と一緒に澤庵を盛った丼がはこばれて来た。一見して、私は、

「この澤庵は甘味がきいてゐるが食べられるぞ」

と云った。色を見ただけで味が判ったのである。私はその時に、糠漬の味については一言も触れなかった。ここでもそれには触れぬことにする。

澤庵は少し色が着きすぎてゐた。それで、ローカルはローカルでも、商品化されてゐるローカルであることを知って、(まづ食《た》べられる)と云ったが、まだ食べて見ないので真価はこれからだ。果して甘すぎた。

しかし、わるい味ではない。これが着色剤と甘味剤を使ってゐなかったら、私は大いにほめ上げるが、そんな品物ではなかった。

「ナナヲの農家の物でございます」

中田女史は説明してくれるのである。

「今夜のは、間に合せでございますが、明朝は、とくに取り寄せたのを差しあげます」

と云ってくれた。私は、澤庵と味噌汁さへあれば、あとは何もほしがらない。さらに欲を云へば、それに野菜の煮た物でもあれば、肉や魚などはどうでもよい。

「何か、とくに、おすきな物がございましたら仰言っていただきます。出来るだけ家庭的に致しますので」

支配人女史に云はれたので、私は、

「それでは、コーヤ・ドウフを煮てくれませんか」

と頼んだ。

翌朝、私たち夫婦は荒垣君と別に食事した。私が頼んだコーヤ・ドウフは、ユバと一緒に上手に煮られて食事に出た。その砂糖の安いことにも、調理方の一生懸命さが味に現れてゐるのである。

「かういふ味にしないと、お客は喜ばないんだらうな」

私は家内に云った。

「でも、ユバに、これだけの味を出せたら、いい方ですよ」

家内が云った。たしかに心得のある煮方、味のつけ方で、コーヤ・ドウフの味のふくませ方も先づ出来てゐた。砂糖を

うんと減らしたら、もっとコーヤの持ち味が出るのである。

ここまでは、ここまでだが、さて味噌汁に弱った。家内は一口でやめてしまった。私は物足らなさの余りに、家内の分まで空にした。しかし「これは何だろ?」と云った。全く、ミソに似たミソであった。

「澤庵があってよかったよ」

さうは云ったものの、いくら宜いからと云って、そんなに澤庵だけを食べられるものではない。せいぜい三切か四切である。

だが、その三切か四切が、如何に食欲をすすめ、満足感を湧かせるかを思ふと、この澤庵に感謝しないではゐられない。

「澤庵はおいしかったですよ」

口から自然に出て来た私の感謝の言葉だ。

から、はっきりと物を云ふことが、善いことか、わるいことか良く判らないが、衣食住が人生の必須条件であり、三大要素である以上、食に関する真実を偽ることも、人生への不忠である。と私は思ってゐる。

よく地方などへ旅行すると「知事さんが良く来られます」とか、「何々大臣が当館の、なんとやらを食べて喜んでくれました」などと、鄭重に説明されることがある。

だが、それらの自慢や名物はたいてい有名旅館にウマイ物なしの下手な宣伝である。内面の粗雑な人には、それが如何に表のレッテルは大臣でも、人の内面から発する藝術心は、人生藝術である料理を透して、その人格を味はってみることも出来る。

知事さんとか大臣とかいふ人の家庭で、私は幾度かゴハンを食べたこともある。

しかし、そんなに感心したことは一度もない。ただ一度、栃木の知事官舎で、すごく真実のこもった漬物を食べたことがある。私が激賞したら「漬物をほめることは、主人公に失礼だと云ふのに、あなたは変った人だ」

と、主人公の小川知事から云はれた。

その訳はと聞いたら、

「漬物の上手な女は、その味がええと云ふことになっとりますのでなあ。はっはっは――」

と、彼は笑った。

その味は、どこら辺の味か知らないが、その夫人の貞女であることはその漬物が物語ってゐる。

それ故に私は思った。これくらゐ塩漬を扱へる女性は、事実、ゆきとどいた夫人である。現に彼は二回目の栃木県知事をつとめてゐるが、かうした家庭夫人を持ってゐる知事を、私は多く知らないので、ここにいみじくも書きつけた次第だ。

それとは少し違ったほめ方であったが、私は南光園で、ナナヲの澤庵を「けっこうでした」と云った。その喜びを受け取って呉れたのであらう。その朝食後、いざ出発といふ時

に、中田女史が至極遠慮がちに、

「お土産に、ナナヲの澤庵ですから差しあげたいと、荒垣さんに伺ったら、ばかなことを止せ、ミスミの家は、何十種の澤庵のあるお家《うち》だと教へられて、どやされました。実は運転手さんに、もうお持ち願ったんですが――」

とのことだ。私は、荒垣はしまったことを云ってくれたと思った。

「荒垣君は何でも気のつく人だから、さう云ったんでせう。私は折角の御親切は有難くいただきますよ」

と、礼を云って、沢山の澤庵を貰って車に積んで持ち帰った。そして今、家の砂漬澤庵の大樽の中に漬け直してある。甘味を砂で消させて、黄色を取るためである。


このナナヲ澤庵は、干しが少し早すぎてゐるが、その他は塩加減も適当だし、大根も小振りで、押しも上々である。

私はこれを今から三年後に、全く変った味に仕上げて、わが家の食膳に載せるのである。それを食べる度に私は中田女史を思ひ出すであらう。これが東京仕込みの練馬大根みたいな、ばか太い澤庵では、こんな漬け直しや貯蔵はしないのである。

忘れても澤庵は、小振りの大根でなければいけないのである。

屋外の軒下で霜をよけて吊し干しにしてある大根（記事参照）

〈漬物補講編〉

源《げん》平《ぺい》澤《たく》庵《あん》

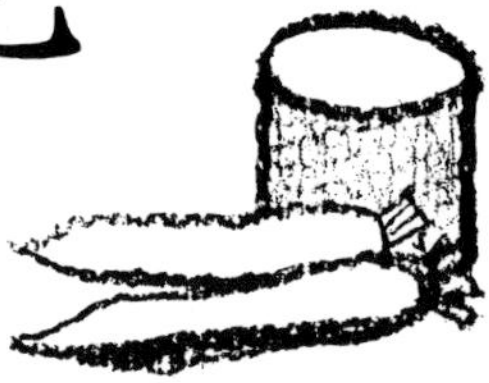

私の家に「源平澤庵」といふのがある。源平とは白と赤の意味である。

その源平にも二種類ある。一方は甘漬で、一方は辛漬である。

甘い方は甘柿でつけ込んだもので、柿の甘味が溶け込んで、甘く漬かってゐる。

辛い方は、唐辛子を充分に利かせたもので、これは食欲増進もさることながら、酒の肴がそもそもの狙ひである。だからこの方には、鰯をいっしょに漬け込んである。

源平甘漬の漬方

大根の尺以下の物を揃へて軒下に干す。干し方は普通の澤庵大根と同じだが、なるたけ白く干しあがるやうに、編み干しにする時に間を開く。

大根が六分かた乾いた頃に、大根三本に対し一本の割合で、これも一尺前後の人蔘を編み干しにする。人蔘は大根より乾きが早いので、干しあがりの歩調を合すために遅らして干すのである。

円を描けるやうになったら、大根と人蔘を同時に取り込む。

同時に漬け糠の用意をする。

糠一升に対して三合の割合で塩を入れる。そして、これを大釜で焼き糠にする。糠には油があるので、容易にさらさらにならないが、それを根気よく火を焚いて休まず混ぜて、こげないやうに、こんがりと煎る。火傷《やけど》に注意。

掌にすくってみてさらさらとこぼれれば火を止める。手にあぶら気がつくうちはまだ早い。

次は甘柿を、大根三本に対し一個の割で用意しておいて、これを三分厚みの輪切にする。種は抜かねばならない。種を入れると渋が出るから入念に抜く。

以上が揃った時に、漬込みにかかる。

樽底に焼糠を敷き、大根三本、人蔘一本の順に並べて、一重に並べ終ったら、甘柿の輪を上に一並べ冠せる。

次に糠を一寸厚みに冠せ第二段にかかる。かくして全部漬け込む訳だが、これも押石《おもし》は重くしなければならない。これは、少くも半年を経過しないと味が出ない。

取り出す時は、大根三本に人蔘一本の割で出して、手際よく切って皿に盛る。白い澤庵と赤い澤庵が並ぶので、見た目も綺麗だが味もよい。押しを重くして置いて、五年目ぐらゐに出して食べると、人蔘の味が落ちついて、実に気品がある。源平の柿漬がこれである。

この漬け糠を、あとで「ぬかみそ」に使ふと一段と美味《うま》い「糠漬」が出来る。

源平の辛漬

材料の大根人蔘は甘漬と同じだが、こっちは辛漬であるから、唐辛子と胡椒を使ふ。糠一升に対する量は、塩三合、唐辛子一合、胡椒半合である。

これを糠とよく掻き混ぜて、これも大釜で、さらさらに煎りあげる。

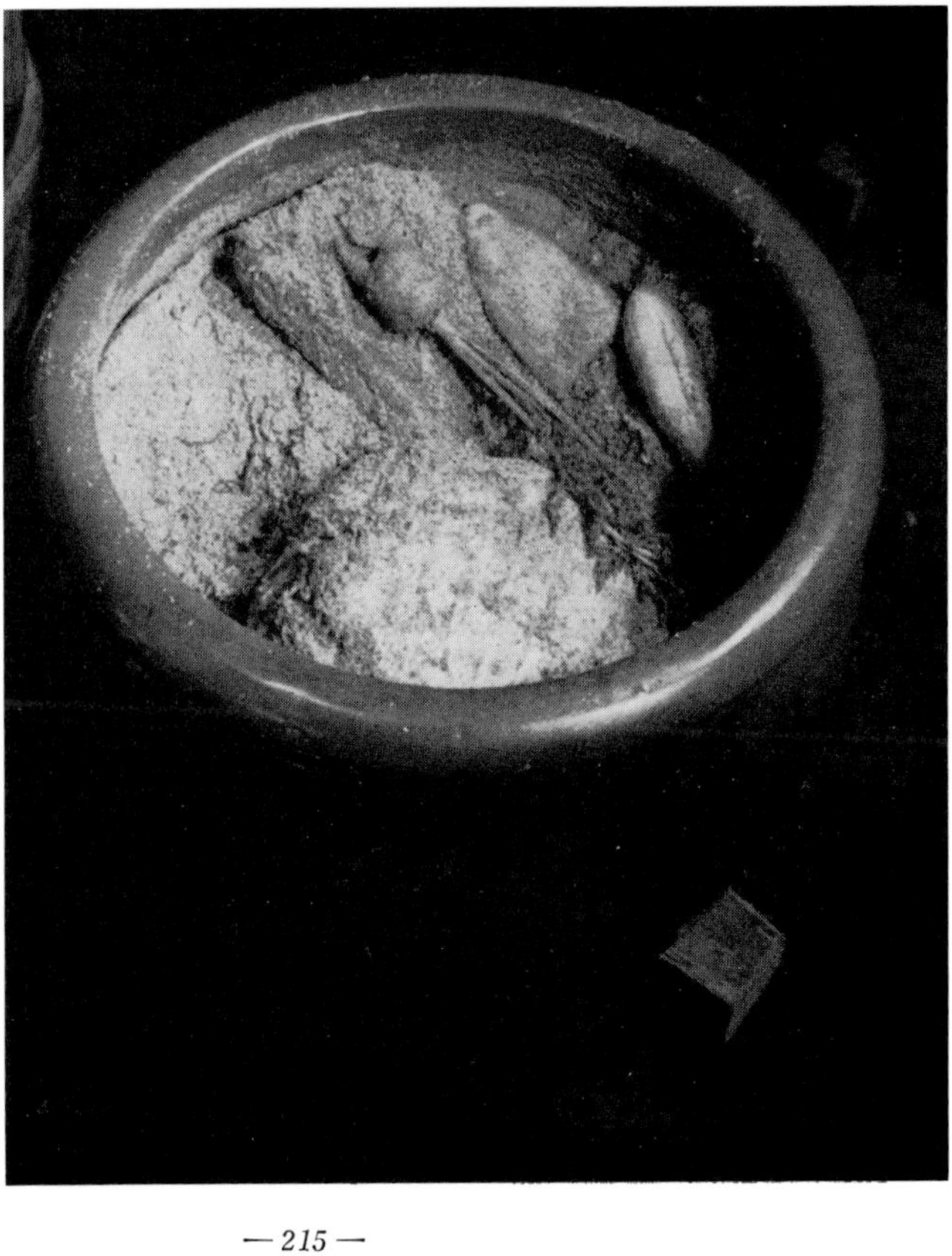

三角漬のカメ開け。何でも雑居漬である

煎る時に唐辛子が、クンクン鼻に刺って来るから、マスクでもしてゐないと嚔《くしゃみ》が矢鱈に出る。

さらに、これをぜいたくな香の物にしたい時には、糠一升に対して山椒の粉を一合入れると素晴しい。

次は鰯である。

これは、鰯と限定せずに、鯵を混ぜるのも変化に富んで面白い。どちらも頭を刎《は》ねて腹をぬき、唐辛子と塩を等分にしたものを全身になすって重ねておく。

いよいよ漬込みである。

漬込みも、甘漬と同じ手順だ。大根、人蔘を並べ、その間に、魚をはさんで漬けるのである。漬込んだあとの管理も、一般の澤庵と同じだが、これも半年の経過後でなくては味が出ない。

五年、七年と経った後の味は、甘漬の味より上等である。

大根、人蔘は、普通の澤庵と同じに取扱ふが、この鰯や鯵は、さまざまに扱へる。

梅の収納。干しあげたものを収納するところ。筍も同時収納

よく洗って、水を拭って薄く輪切にして、澤庵にあしらっても良いし、酢の物にしても良い。また、網に載せて焼いてもよい。酒をのむ時に、下手な料理を出すよりも、この「源平の辛漬」を出せば、これだけで肴は充分といふ人が随分ゐる。

これは満一年目あたりは新鮮な味で、二年、三年と経つうちに、香辛料が調和しつくして、混然一体の独特な味に変って来る。数年以後に食べるつもりなら、四斗樽の場合だと三十貫以上の押石《おもし》が必要である。

この古糠も「ぬかづけ」に持って来いである。私の家の「ぬかづけ」が、奇妙独特の風味を持ってゐるのは、これらの古糠が順々に混入して年々補給されるからである。

〈漬物補講編〉

筍《たけのこ》の澤《たく》庵《あん》

私は、曾つて筍の澤庵を思ひ立って、筍を焼いて乾して、この源平澤庵に混ぜたことがある。

お客に出して、舌をためしてみたら、これを一回で、筍だと云へた人は一人もなかった。

節のところを食ひ当てた人でも、容易に筍と判らない人が多かった。

筍も木炭火で炙《あぶ》って、からからにして漬込むと、実にコリコリした性質に変るので、ひと切れか、ふた切れ、舌の上で楽しみながら歯ざはりを試すのも風雅な味だ。

上手に入れた熱いお茶で、そのあとの舌を洗ふと、悪毒をいっぺんに洗ったやうな爽快さを覚える。

この筍は、性は潔癖、質は苦であるから、口あとが、さっぱりするのである。

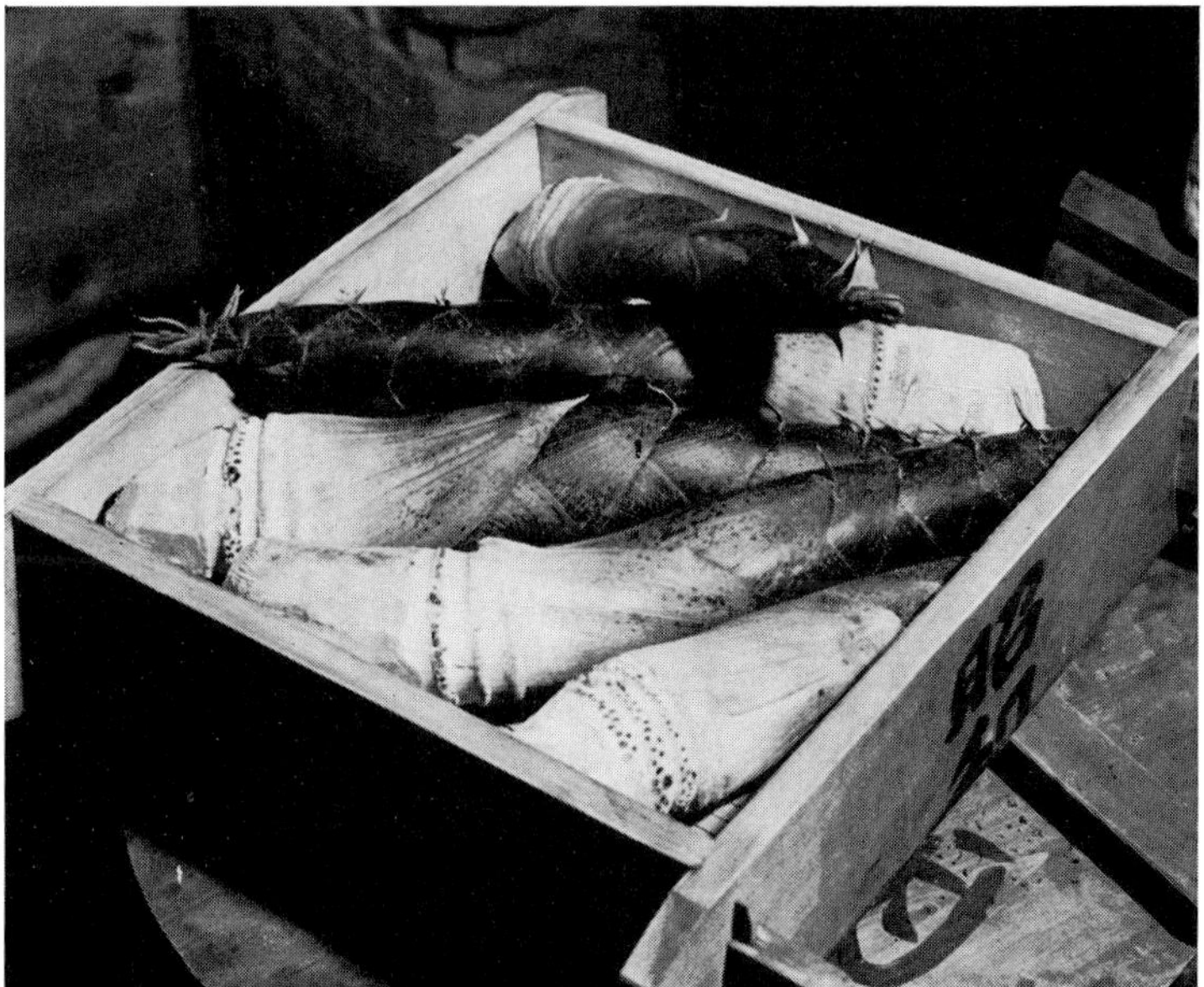

筍の澤庵は世の珍品である。いま蒸すところ

〈漬物補講編〉

いわし漬澤《たく》庵《あん》

北海道には〃鯡《にしん》漬澤庵〃がある。鯡と大根を同時に漬けた澤庵で、ちょっと変った味である。にしんと一緒に大根を斜に切って漬けたものもあるし、大根の丸切と共に漬たのもある。

ところが、漬手がいろいろで、味も一定してゐない。良い味もあれば、ばかに生ぐさいのもある。

大根の方は、そのまま食べるが、にしんは焼いて食べる。このにしんを洗って、そのまま食べる人もあるが、私にはそのままでは食べられない。焼いて食べると、にしんは美味《うま》いが、澤庵は焼けないので美味《おいし》くない。生の鯡を使ふからである。

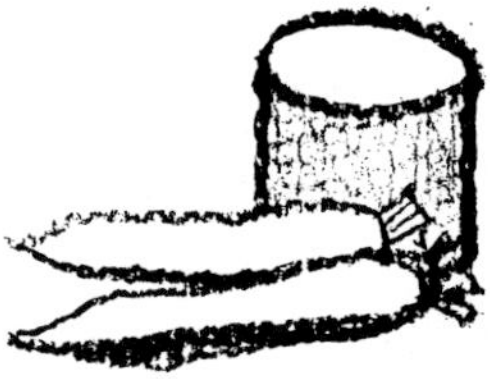

拙宅の〃いわし漬澤庵〃は、生ぐさくない。鰯も大根も、そのまま食べられる。よく糠を洗ひ落すこと勿論のことである。

これに使ふ大根も、なるたけ小さい大根を選ぶ。干し方も充分丹念に陽をあてる。

この大根の用意が出来て、いよいよ漬込みといふ段になった時に、中型の鰯を、大根と等量か半量を用意する。

そして鰯は三枚におろして、薄塩で酢に漬ける。酢で充分に肉が締ったところで、大根と並べて漬込む。

その並べ方は行儀よく並べる。並べた上にタウガラシ粉を、大根も鰯も見えなくなる程に振りかける。

さらに、その上に米糀をパラパラと撒いて、糠で漬込む。最初の樽底には約一寸ぐらゐ糠を敷く。これも普通の澤庵とやり方は同じだ。糠と塩の割合は、糠一升に対し塩三合がよい。

かうして漬込んだ〃いわし漬澤庵〃の押石《おもし》は普通の澤庵と同様に、中身の倍以上の重さでないといけない。

少くも六ヵ月を経《た》たないと、よい味にならないが、秋に漬込んで翌年の梅雨あけ頃から、食べはじめるのがよい。

三合塩であるから、三年以上保存出来るが、あんまり古くなると味が落ちるので、二年以内で食べ終るがよい。

真夏の食欲不振の時などは、いみじくも食欲誘引に役立つ。

鰯を丸切にしてよい醤油を使へば、酒のさかなにもなるし、ご飯のオカズにも、二切れ三切れは上味だ。醤油にいろいろな調味料を、好みに応じて利用すると、また格別の味になる。

拙宅では、松茸の糠漬と並べて小皿に盛って、ゴマ醤油で客に出すことがあるが、これは、お茶漬にも良いし、酒にも良い。

糠漬の糠の消毒干し

いつも云ふことだが、これなどは、ことに大きな大根は思はしくない。出来るだけ小さい大根を選ぶべきである。

先日、角澤道場の開堂式に呼ばれた。法華経寺の管長宇都宮老師以下幹部大衆が見えて居られて、法会《ほふゑ》に同席したが、その際、山内の一老師からこんな話を聞かされた。

自分は小僧の時に、師匠から澤庵を漬る手だすけをさせられた。そのとき師匠は、屑大根ばかり集めて漬けるので、随分けちな師匠だと思ってゐたが、誰でもうまい澤庵だとほめてゐた。

ところが今度「大法輪」で、三角先生の〝漬物の話〟を読ませて貰って、師匠を一生涯、けちだと思ひ違ってゐた罪をお詫びした。澤庵は小さい大根ほど良味になることを、この老人になるまで知らなんだ。申し訳ないことであった。

列座の幹部大衆に告白されたのである。そして、漬物の話は、それからそれへと発展した。私は（なるほど、こんな老師がたでも、太い大根が良いと思ってゐられたか！）と、今さら不審に思って、「大法輪」の果してゐる使命に感心した。

鰯と大根のぬか漬

×

下の写真のやうに糠床をビニール袋に入れて持ち歩けば、旅行先のどこへ行っても、鞄の中のぬか漬を食ふことが出来る

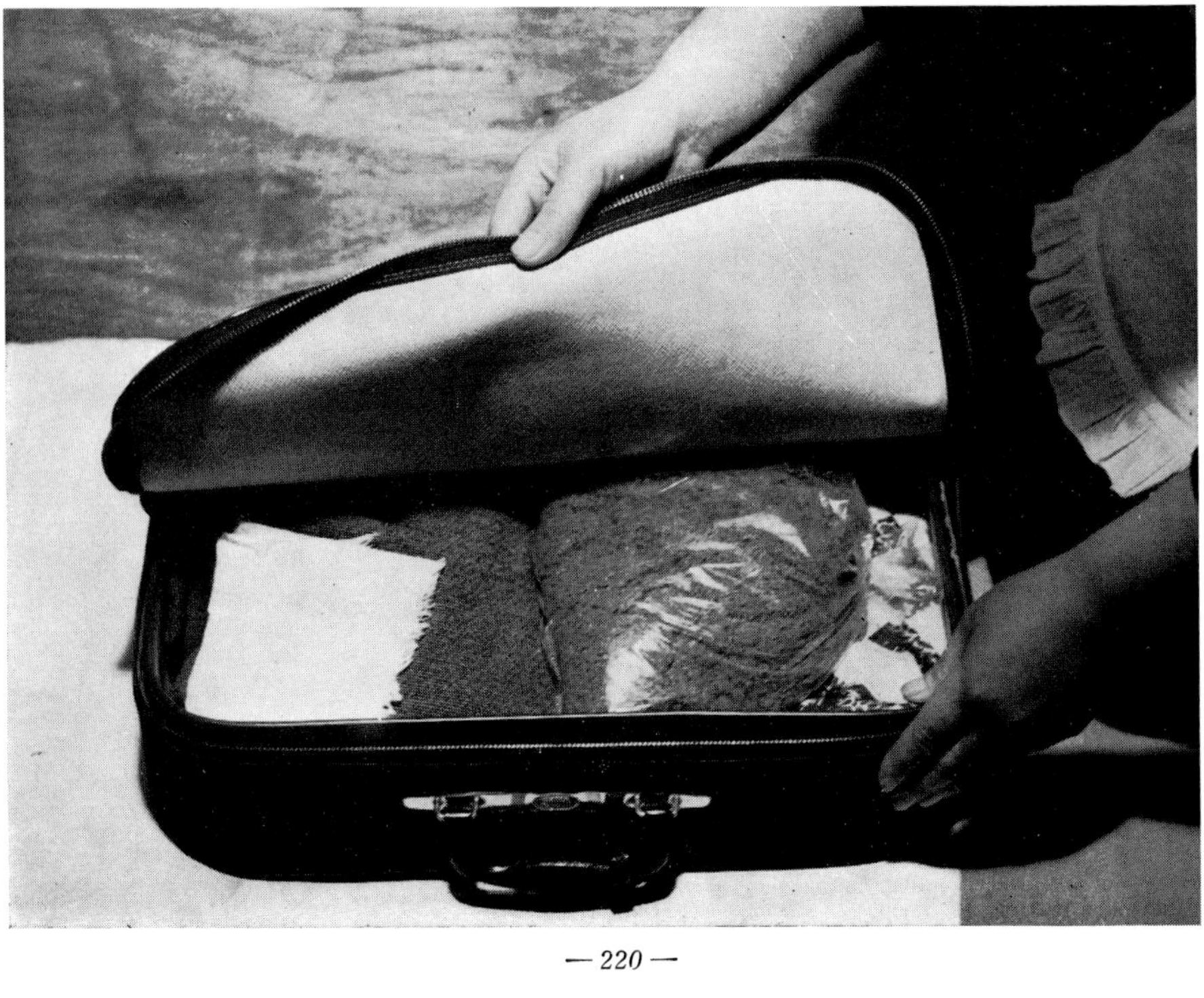

〈漬物補講編〉

白菜の殿《との》様《さま》漬《づけ》

結球白菜なら何でもよいが、山東菜の方が良い。山東菜を霜がおりた後に使ふ。霜を冠らないと菜のシマリがわるくて、味が落ちつかないから、十二月の終りから一月ごろまで畑においた物がよい。

一株を四ツ割にして、半日ほど陽に当てて水気を切る。これは水気を切るといふよりも、シャキシャキした水気を、幾分発散させて、少し、やはらかにするのが目的であるから、半日以上、できればまる一日ぐらゐ陽ぼしにする方が良い。

終ったら、一株に対して塩を半合ぐらゐ振りかけて、樽に漬る。なるたけ行儀よく、割目を仰向けて、ぎっしり詰めて漬込む。

詰め終ったら押蓋をして、出来る限りの重い石で押しをする。

三、四日で、たっぷり水があがって来る。この時に、ならし漬と云って、いっぺん全部取り出して漬け直す。

この時は、ただ整頓するだけだから、汁をそのまま使って塩も足さない。押しを平均させるために高低を正して、整頓するだけだ。

殿様漬の漬込み。薬味を混入

それから、二週間ばかり経ってから本漬にかかる。糠一升に塩二合をよく混交させて、塩漬の白菜を、よくしぼって漬汁を捨て、糠に漬込むのである。

この時の白菜は、既に塩漬白菜として、上等の食べごろになってゐるのに、それを食べないで、更に上手に漬込むので、殿様漬の名があるのだ。

樽底に糠を薄く敷いて、しぼった白菜を整頓よく並べる。そして、一並べ終ったら、タウガラシ粉をまっ赤に振りかける。

さらにその上に、サンセウ粉をパラパラと振りかける。サンセウ粉を先に撒きかけるのも良い。

それが終ったら、また糠を厚く振りかけて押しつけ、その上に白菜を並べる。

かくしてだんだん同じことを繰り返して、上まで漬け終るのだが、一段一段に力を込めてよく押しつけ、樽肌は特に糠をよく押しつける。

忘れてならないことは、塩づけの時の漬け汁を充分にしぼって捨てる。この汁の中には水気があるため腐敗を招くの

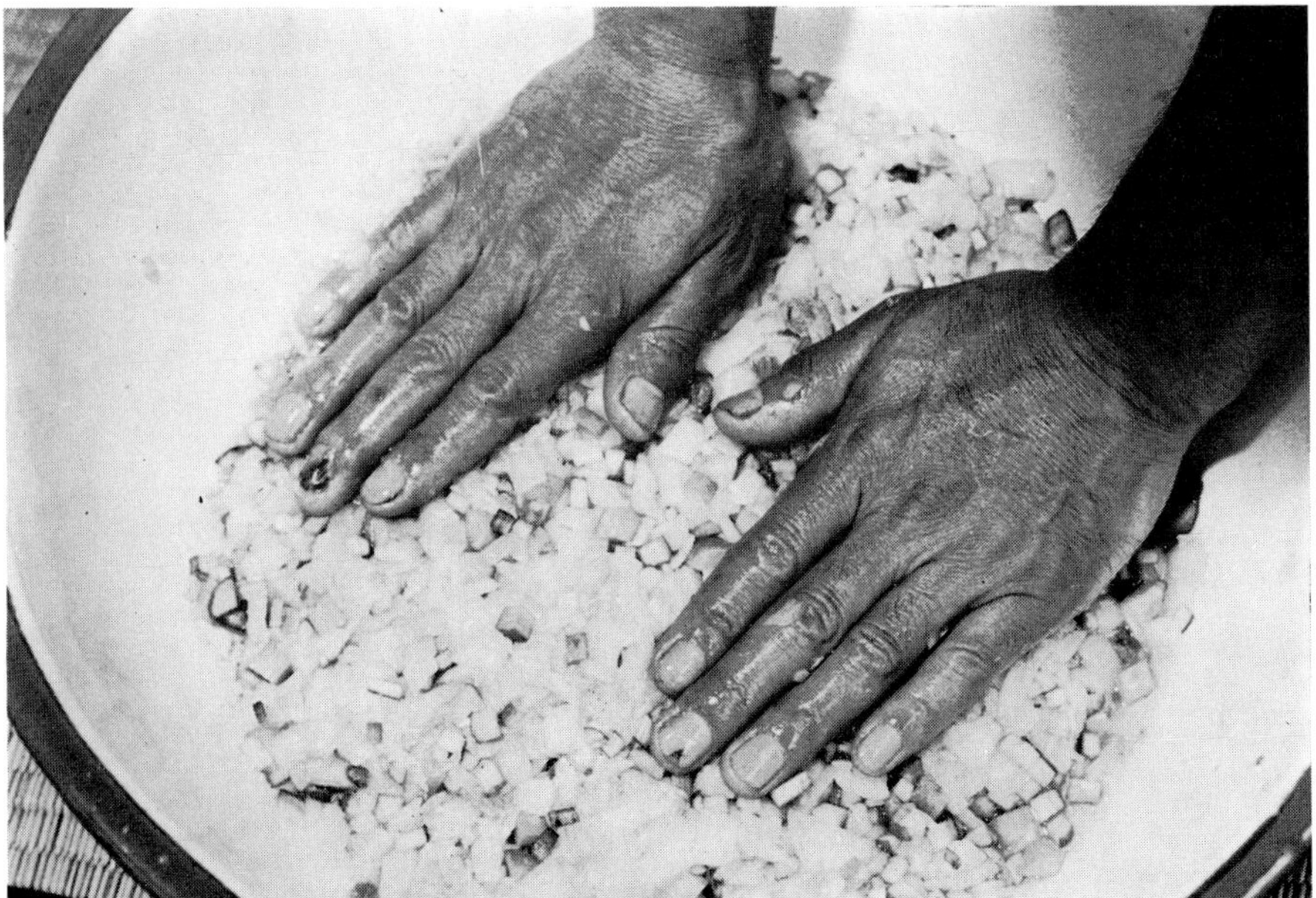

しゃくし菜の早漬水洗の塩ならし

夏漬のはや造り。しゃくし菜の断裁

で、捨てるのだから、よく絞るのである。

漬終ったら、押し蓋をかけた上に登って、足でふみながら平均させて、押し石を乗せる。

押石《おもし》をかけたらビニールか油紙を冠せ、樽の胴体にしばりつけて、蠅や蛾が寄りつかないやうにして貯蔵する。

梅雨があけて、暑気がきびしくなりかけるころに、はじめて食べ始める。

塩も充分だし、タウガラシとサンセウの粉で、香辛料が馴れ染んでゐるので、暑気の食欲を誘引する。

つまり、高級な白菜の澤庵と思へばよい。これは二年や三年経っても、味に変化の来ないところが妙味で、塩気や辛味を抜きたいと思へば、少し前に上げて薄い塩水に漬ておけばよい。うすい塩水である。なめてみても舌先にかすかに塩気を感ずる程度のもの。

さらに塩をぬいて、シソの生葉やメウガなどきざみ込んで、ゴマ醤油など使って、皿に盛れば茶漬にも上等だし、酒のさかなにもなる。拙宅では夏の客にときをり使ってゐる。たいへんに好評である。

〈漬物補講編〉

漬物の土用の手入れ

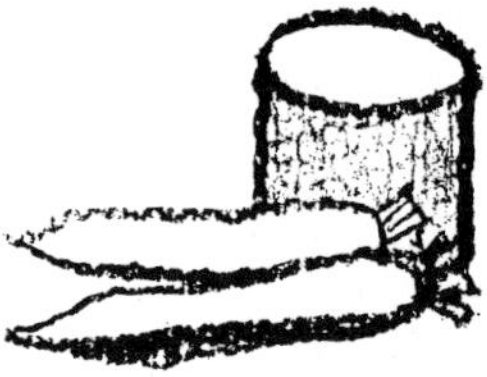

今年の土用の入りは七月二十日であった。

土用といふ季節は、日本と名のつく島々では、もろもろの漬物の手入れの好期だ。

梅雨の間に漬込んでおいた梅漬も、この土用中に梅干にして貯蔵する。この土用中に充分に干しあげた物には、虫もつかないし永年の貯蔵が出来る。

今年も梅を六斗、筍を十貫、シャウガを十貫、そのほか蓮根、カリフラワー、菜キャベツなど十貫を梅酢漬にした。

去年は、シソの出来がわるくて困った。それに常陸梅を使ったので、梅もわるくて、はなはだ色のわるい物が出来あがった。

今年はシソがよく出来た。梅も上州物を使ったので酢が多く出た。

梅雨のはじめに、雨がなかった年は梅干が駄目だ。今年は去年につぐ豊作だといふが、それは米のことであって、シソなどは去年のは、さっぱり色素が飛んでしまって、着色の用をなさなかった。

それが今年は、素晴しく色がよく出た。カリフラワーなどは、夢のやうに美しく染った。もっとも、二回目に追加した分のシソは天気がよくなってからのシソであったので、やっぱり駄目であった。シソには好天気はよくない。

梅干については別に書くが、この梅干と併行して、塩漬《しほづけ》、糠漬《ぬかづけ》、糠漬《かうぢづけ》、味噌漬《みそづけ》、焼酎漬《せうちうづけ》、酢漬《すづけ》など、全部の手入れをしなければならない。

四斗樽、二斗樽、一斗樽を合せた六十本。ビン、カメ類が百数十本。その手入れを二週間足らずの、土用中に完遂するのは、なかなかの大仕事だ。今日（十一日）立秋になって数日目だが、まだ、カラシ漬や、ラッキョウの手入れで、女たちはてんてこ舞をしてゐる。

この土用の手入れの時には、忘れてゐた漬物を、ときどき再発見するので面白い。カメにもビンにも樽にも、それぞれ札をつけてある。ところが、中にはつけ落しや、脱落してゐるのがある。

「これは何だろ?」

と、蓋を取って見るのが面白い。

蓋をあけて見ると、それは試験づくりの、〃舐め味噌〃であったり、カラシ漬であったり。今年も去年作った舐め味噌と、一昨年〃硬度試験〃に漬けたラッキョウの二カメと、カラシ漬五カメを発見した。

〃舐め味噌〃は、小麦糀に醤油とミリンと香料を入れて作ったものだが、ひと土用に遭へば、カサカサになるのが普通の舐《な》め味噌《みそ》である。

今年みつけ出したのは、ミリンと砂糖の物らしく、非常におちついたよい味になって、なれてゐる。

ラッキョウは一昨々年に、畑から取りたてのラッキョウを、硬度をさらに引きしめる目的で、ためしにタウガラシ酢に、いきなり落し入れた物だが、凄い硬さになってゐるので満足した。

このほかに芥子《からし》漬を五カメ発見した。仕入

押石を節約するための重ね積み

れ月日や、内容を書いて張ってあった紙が、塩カビで、すっかり剝げおちて、よくわからなかったのだが、目張りを剝がせてみたら、ぷうんとカラシの香が鼻に来た。

中はぴんぴんした紫色の茄子や、青い胡瓜《きうり》などで、中にはニラ入り、コンブ入り、青ノリ入りなどもある。

その中で、ふたカメだけ、仕込み年度の判断しがたいものがある。

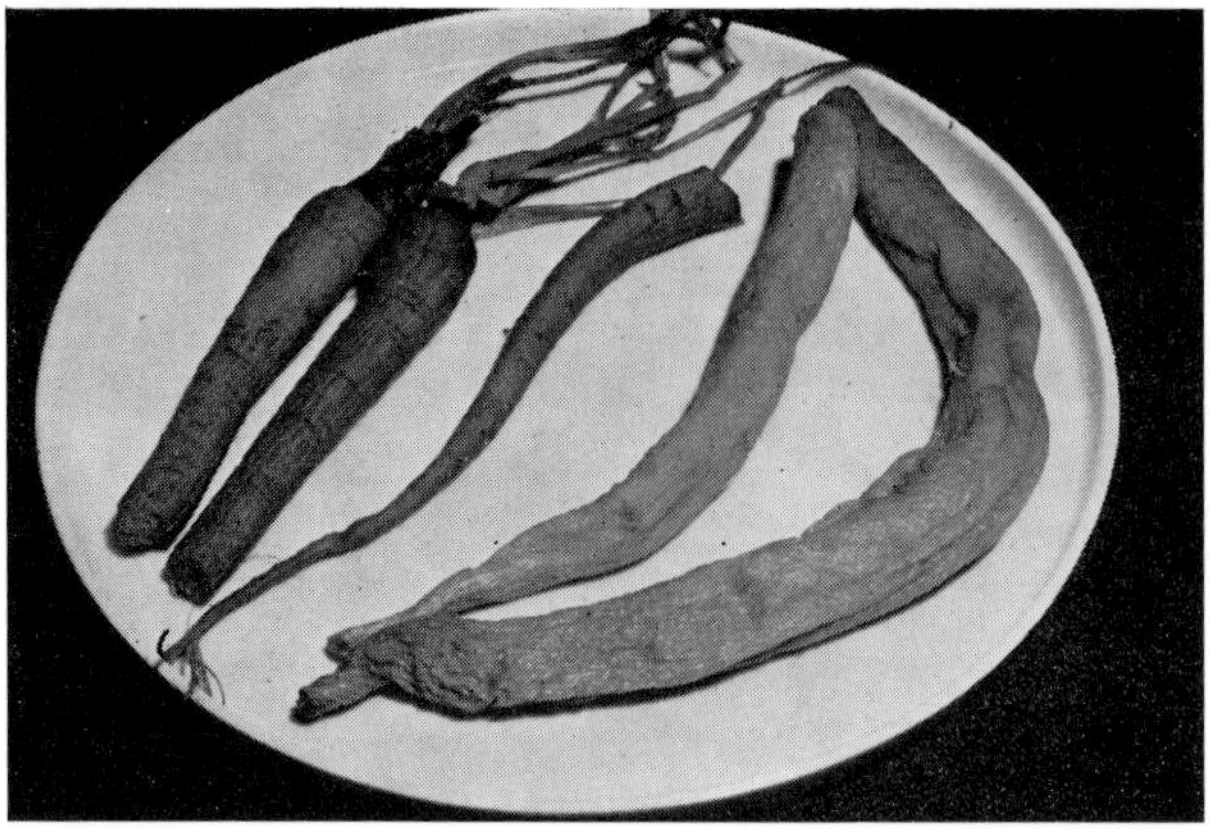
塩ぬきした澤庵とお種人蔘

貯蔵材料の塩抜き

漬込み元帖を調べさせたが落ちてゐる。多分、二十六年度のものであらうと思はれる。
このやうな物の発見は、まづ良い方だが、わるいことの発見もある。

〈漬物補講編〉

焼《せう》酎《ちう》ずきの鼠《ねずみ》

この鼠というのは、本当の鼠ではなくて、人間の鼠どもである。

梅の〃焼酎漬〃は俗に梅酒と云はれてゐる暑気払いの飲物だ。これを毎年、五升ビンで三本から五本以上も作る。

入梅になるとちょっと前のある日のこと、大工に仕事の指図をするため、漬物蔵に行ってみたら、貯蔵棚の下のコンクリの床に、ラッキョウが一粒ころげてゐる。いま転げたところで、転げたあとが点々と漬汁で濡れてゐる。拾ってみると、いまビンから出たばっかりだ。

その頃、私の家には寺の二男坊や女房の甥など四、五人の学生を置いてあった。その中で、私が出家した時に兄弟子であった人の二男で河村といふ学生がゐた。東洋大学に通はせてあった大《おほ》僧《ぞう》であるが、これに漬物倉庫の管理をさせてゐた。ちゃうどそれが、釜場にゐ合せたので、

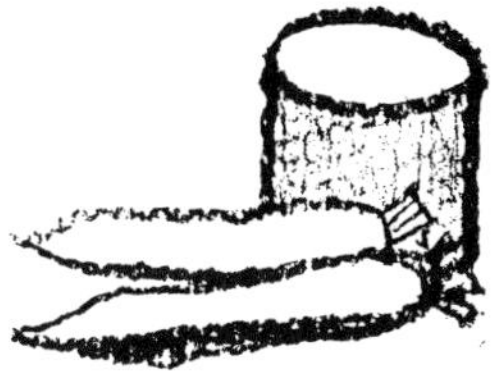

「誰がラッキョウを出したのか」と聞いたら「知りません」といふ。

「お前が知らんとは変だなア?」と云って、女たち八人に聞いてみたが、誰もそんな物は知らないといふ。

そこで棚を見たところ、一番下の棚が濡れてゐる。指のさきにつけて、ちょっと舐めてみたら、ラッキョウの汁ではなくて、梅焼酎のこぼれだ。梅焼酎は最上段の棚にあり、ラッキョウは中段にある。それが下段の棚に抱へおろして出したことを物語ってゐる。

「変だぞ、誰か梅焼酎を出したんだなア?」

と、その管理を云ひつかってゐた河村に再聞したが、「知りません」といふ。また、男たち女たちに聞いたが、誰も出さぬといふ。

「そんな筈はない。ここに来て見ろ」と云っても、誰も来ない。来ないところを見ると鼠らしい（ははア、やってるな）と私は思った。

「さっき私がここに来た時に、この棚の方から、わしとゆき違った奴が居る。あれは誰だったか？」と、私がその河村に聞いた。

「健ちゃんです」といふ。

「健治か、すぐ呼んでみろ」と、私にいはれて、健治を河村が呼んだ。

　これも河村と同じく、私をたよって来て、東洋大学に通はせてある女房の甥だ。

「お前、いま、わしに顔を外向けて部屋に行ったが、いま先、ラッキョウを出したのか」

　と聞いたら、ムキになって、

「ラッキョウなんか知りません」といふ。

「さうか、知らなきゃいい。おい、河村、ラッキョウがガラスの外に、ひとりでビンから飛び出してゐるが、東洋大学は、昔は、井上円了先生の創立された大学だ。先生は幽霊学で有名な大先生だ。どうだ、幽霊のやった仕事だらうか？」

　と聞いてみた。そしたら河村が、

「宝雲ちゃん、誰かやったんだろが云へ」と云った。

梅焼酎の陳列だな

　この宝雲といふのは、私が十一歳で出家した時の師僧の二男坊で、実力もないくせに東大を受けると云って、神田の予備校に通ってゐた。これが河村を先輩として上京して来たが、河村は寺の二男坊として、別府本願寺の別院に勤めてゐて、別府の女と酒を覚えたのである。

　父親は私の兄弟子で、後に犬飼町

の浄流寺といふ寺に養子にゆかれて、河村兄弟ができた。

兄の方が寺をついでゐるが、弟の方は今云ったとほりで、あとから来た宝雲など今は富山の方の寺の住職だが、質屋通ひまで覚えてしまった。その河村が宝雲に自白を迫る。宝雲は身に覚えがあるので、

「はい、いや、僕がやりました」と云った。

鼠が飲み残した梅焼酎と

「お前が？」

私は吹き出し笑ひをこらへた。

させる仕事もないのに、庭掃きや走り使いをさせて、煙草銭までやって、飯をたら腹食はせて、ピースなどのみ乍ら、それぞれ大学に通はせてゐた。月謝だ、交通費だ、プリント代だなどと云って、家内から、せっせと金を貰ってゆく。部屋は部屋で、六畳だの四畳半だの、一人占めにしてゐて、ろくに勉強もしないで寝てばかりゐる奴どもである。

「さうか、それでラッキョウが飛び出したことは判ったが、梅焼酎を呑んだ鼠はどんな鼠だ？」

と聞いたら、

「それは知りません」と胸を張る。

よく見ると、女中たちが台所の水飲みコップがなくなって困るわ、と云ってゐた。そのコップの破片が棚の下に沢山ある。

「健治、お前はさっきラッキョウのことは知りませんと云ったが、何のことなら知っとるんだ？」と聞いたら、

「僕は焼酎なら飲みました」と云ふ。

「ははア、それでラッキョウは宝雲で、焼酎はお前か。それでもラッキョウは知らん。わからんのオ」と云ったら、二人は廻り右で退散した。そこで河村に、

「お前の監督は、あてにならんぞ」と云ったら、

「はアい」と云った。

そこで私は、踏み台に登って棚の上を見たら、何と、二十八年度の五升入りの梅焼酎が、二本とも半分になってゐる。ラッキョウはと見ると、これも二十八年度のタウガラシ抜きの、万人向きの三升入りのビンが、五本あったのがその中の二本が、半分に減ってゐる。

その晩のことである。昔、家にゐて今は土建屋に嫁入ってゐるのが、泊りがけの遊びに来てみて、

「旦那さまは河村さんを一言もお叱りになりませんけど、河村さんはあれを寝酒にしてるんですよ。一度注意したんですけれど止めないんです。二人を叱らせて涼しい顔をしてゐるんですもの、とんでもない監督ですよ」

と、家内に云ひつけた。なるほど、飛んでもない監督である。

さて、今日、土用の棚おろしをしてゐて女中が私に報告する。

「三十三年、四年、五年、六年と四年間の梅焼酎は、一本もありません。ビンもありません」と云ふ。

行ってみると、なるほどない。中には五升入りの青ビンもあったが、それも一本もない。五升漬が全滅である。

「証拠いんめつに、ビンを叩き割って捨てたんだらうか？」

いやはや、飲むも飲んだものである。使ひのこりとは云っても五升入りのビンだから、一本分の残りが一本半から二十本分ぐらゐはあった。一ヵ月一本づつにしても、二年であるから相当飲んだのである。

「古いのは、またうまいからなア」

私はあとは云はぬことにして笑った。

ラッキョウをサカナにして、ちびりちびり、やったのかと思ふと、どうも笑ひがこみあげて来る。

私の家に長いこと出入りしてゐる左官の親方が、

「河村君は毎晩飲んでゐましたよ。ちょっと飲めるがねえ、と私に云ってました」と云ったが、それにしても、漬物用の焼酎や酒やミリンが沢山あるのに、それには手もつけずに、梅焼酎とは恐れ入った次第である。

盗み酒は、ことに美味《うま》いのであらう。

出典および凡例

＊本書の底本は左記のとおりです。

味噌大学（『味噌大學』　文藝社　昭和四十四年七月二十一日）

＊文字表記は底本のままである。

＊本書中には、今日の人権意識からみれば差別的表現として、不適切と思われる用語が見受けられますが、時代的背景と著者が差別助長を意図して使用していないことなどを考え合わせて、そのままとした。

三角寛サンカ選集　全七巻

第一巻　山窩物語

フィールドノート　**山窩物語**　第一話　山窩入門／第二話　わが師は老刑事／第三話　山窩のしわざ／第四話　瀬降探訪記／第五話　山窩のとりこ／第六話　炙り出し秘話／第七話　武蔵親分の理解／第八話　録音機、瀬降に入る／第九話　山窩の社会構成／第十話　山窩の夫婦生活／第十一話　腕斬りお小夜　**山窩は現存している**　**山窩の「大親分」に就いて**　**山窩を訪ねての旅**

四六判上製336頁
定価2800円＋税

第二巻　裾野の山窩

小説　唯一の長編。徳川三百年に仕えた隠密・サンカたち。維新後、富士の裾野で繰りひろげられた財宝をめぐる愛憎まじえたサンカ社会の物語。スリルとエロチシズム満点の活劇大ロマン。三角寛サンカ文学の真骨頂が発揮されている。

四六判上製344頁
定価2800円＋税

第三巻　丹波の大親分

小説　丹波の大親分／復讐の山窩／大突破／火取蟲／おしゃかの女／元祖洋傘直し／蛇に憑かれた女

四六判上製326頁
定価2800円＋税

第四巻 犬娘お千代

小説　犬娘お千代／宇津谷峠／真実の親分／犬神お光／歩哨の与一／伊佐沼の小僧／親分ごっこ

四六判上製334頁
定価2800円＋税

第五巻 揺れる山の灯

小説　揺れる山の灯／山窩娘おかよ／宿蟹飛天子／山窩の恋／燃ゆる親分火／掟の罪／坂のお雪／直実と妙蓮

四六判上製332頁
定価2800円＋税

第六巻 サンカ社会の研究

研究論文　第一章　序論篇／第二章　生活篇／第三章　分布篇／第四章　社会構造篇／第五章　戦後におけるサンカ社会の変化とその動向／**解題・沖浦和光**（桃山学院大学名誉教授・比較文化論）

A5判上製390頁
定価5000円＋税

第七巻 サンカの社会資料編

研究論文　三角寛撮影・サンカの生態記録写真集（95頁）／附・サンカの炙り出し秘密分布表（写真）／「サンカ社会の研究」概要／全国サンカ分布地図（折込み）／全国サンカ分布表／サンカ用語解説集／サンカ薬用・食用植物一覧

A5判上製304頁
定価4500円＋税